"企业新闻与传播"系列教材　丛书主编　王　勇　丁柏铨

U0269180

江苏省高校品牌专业建设工程项目
"十三五"江苏省重点学科项目

视频作品的策划与制作

SHIPIN ZUOPIN DE CEHUA YU ZHIZUO

张丁心　邵筱棠　彭耀春　编著

 南京大学出版社

图书在版编目(CIP)数据

视频作品的策划与制作 / 张丁心，邵筱棠，彭耀春
编著. -- 南京：南京大学出版社，2018.12
"企业新闻与传播"系列教材 / 王勇，丁柏铨主编
ISBN 978 - 7 - 305 - 21862 - 0

Ⅰ.①视⋯ Ⅱ.①张⋯ ②邵⋯ ③彭⋯ Ⅲ.①视频制
作—教材 Ⅳ.①TN948.4

中国版本图书馆 CIP 数据核字(2019)第 062967 号

出版发行 南京大学出版社
社 址 南京市汉口路 22 号   邮 编 210093
出 版 人 金鑫荣

书 名 **视频作品的策划与制作**
编 著 张丁心 邵筱棠 彭耀春
责任编辑 甄海龙 刁晓静   编辑热线 025 - 83592146
照 排 南京理工大学资产经营有限公司
印 刷 南京玉河印刷厂
开 本 787×1092 1/16 印张 14.5 字数 330 千
版 次 2018 年 12 月第 1 版 2018 年 12 月第 2 次印刷
ISBN 978 - 7 - 305 - 21862 - 0
定 价 38.00 元

网   址：http://www.njupco.com
官方微博：http://weibo.com/njupco
官方微信号：njuyuexue
销售咨询热线：(025)83594756

"企业新闻与传播"系列教材

关于"企业新闻与传播"的性质、内涵及其专业方向设置的基本构想（代序）①

王　勇

　　"企业新闻与传播"是一个带引号的、正在构建中的新专业或专业方向。作为新闻学、传播学的一个新的分支或专业方向，在如今高等教育"应用型"转型发展的时代语境之下②，具有重要的理论探索意义和现实价值。

　　在当今中国，对于新闻宣传人才的需求和培养，其实有显性和隐性两大部分。一是专业新闻机构，如电视台、电台、报纸、杂志、网络新媒体等；二是非专业新闻机构，如机关、事业单位、企业等。而第二大部分，也即"非专业新闻机构"，却往往被高校新闻学、传播学专业有意或无意地忽略、忽视甚至是漠视。这是一个相对隐蔽的存在，它存在于半明半暗之中，或栖身于理论和实践的夹缝之间，而其社会需求却并不因此而有丝毫的减损或削弱。

　　专业新闻机构和非专业新闻机构，这是两个看似界线分明而清晰，实际上却有些混沌和模糊的界定或命名。而另一个与非专业新闻机构相关或作为其子集的命名"企业新闻与传播"③，在名称或概念上更是显得有些游离和不确定，极易被判定或视作学术上的一个"伪命题"。如果不进行必要的、现实性的和学理性的思辨和界定，那么"企业新闻与传播"专业方向设置的全部构建和想象只能是"沙地建塔"。

一、专业新闻机构与非专业新闻机构的界定以及"企业新闻与传播"概念的提出

　　关于专业新闻机构与非专业新闻机构的界定，这是我们必须面对的第一个问题。

　　从某种意义上来说，报纸、电视、广播、杂志以及各种新闻通讯社等构成了传统专业

　　① 该文系 2011 年度江苏省高校哲学社会科学研究基金指导项目（项目批准号：2011SJD860003）的研究成果之一，刊载于《新闻爱好者》2017 年 12 期，原标题为《"企业新闻与传播"的特性及其专业方向设置的构想》，有删改.
　　② 2014 年 2 月 26 日，在国务院常务会议上，李克强总理提出："引导一批普通本科高校向应用技术型高校转型"；2015 年 3 月 5 日，在第十二届全国人民代表大会第三次会议上，李克强总理在《政府工作报告》中再次强调指出："引导部分地方本科院校向应用型转变。"2014 年 2 月，教育部袁贵仁在全国教育工作会议上透露，教育部将启动地方本科高校向应用技术型转型试点；2014 年 5 月，教育部再次提出 2009 年升格本科的新建本科的 600 所高校将转为应用型大学.
　　③ 王勇：《"企业新闻"的性质、内涵及其专业方向设置的基本构想》（研究报告），江苏省高校哲学社会科学课题（项目批准号：2011SJD860003）.

新闻机构的主要方阵;而重要新闻性网站,也在近年来得到认同,成为新的传统意义上的"专业新闻机构"。从仅有新闻转载和转播的权力、没有新闻发布权,到有关主管部门给部分网站发放记者证,即是其间的重大政策利好和变化。而在事实上,传统的报刊、杂志、电视台等也与新媒体相结合,成为事实上的新闻网站的主办者,构成了所谓"全媒体"的新闻格局。这具有了风向标的意义,标志着专业新闻机构具有吐故纳新功能,曾被漠视或排除在外的新成员得以加盟。如此,报纸、电视、广播、杂志、网络以及各大通讯社等专业新闻机构的全新方阵得以重构或重组。

而所谓非专业新闻机构,从中国式的分类来说,则主要是指党政机关、事业单位以及各类不同性质的企业。这是一个极其宽泛的概念,从常识上来说,除了"专业的新闻机构",余下都是"非专业新闻机构",或干脆就是"非新闻机构"。本来,它们就是某种性质的社会机构而已,为什么一定要把它们与"新闻"扯上边呢?那就是这些机构不仅与"新闻"或者"专业新闻机构"发生着不同程度的、各种各样的关联,它们有着新闻宣传和传播的各种需求。而且它们自身往往也具有新闻宣传、传播的相关功能及其设置,甚至被赋予相应的新闻宣传责任。它们不仅一般都有自己的新闻宣传或企划部门,有的还有报纸、杂志、电视台、电台等;至于各种网络传播平台(如网站、博客、微博、微信等),在这个"自媒体"的时代,更是成为一种基本或标准配置,哪怕它仅是一个我们常说的"小微企业"。

然而,这里有几个颇具"中国特色"的情况需要说明。一是上述专业新闻机构几乎都曾经是"事业单位"建制中的一元;如今,它们中的绝大多数又通过各种改制,成为了所谓企业,准确点说是文化企业或文化产业。而其间的绝大多数媒体在往日曾经特别彰显的政治性和事业性的特质或功能,并未因此发生改变、位移;所不同是,它们的市场性或经营性的功能得以进一步强化。这是中国的特例。二是在一部分"非专业新闻机构"中,它们往往拥有专业的新闻机构的设置。如各级党政机关,他们本身即直接或间接拥有报纸、杂志、电视台、电台、网站等宣传"喉舌",用以传达自己的主流价值观、路线方针政策以及各种主流声音。国务院下设的各个行政主管部门,几乎都拥有自己的报纸、刊物等,甚至还有自己的电视台。如财政部有《中国财经报》、文化部有《中国文化报》,教育部除了拥有《中国教育报》等外,还有中国教育电视台。不仅是最高党政部门如此,各级党政部门也均是如此,如省、市、县等往往办有报纸、电视台、电台、杂志等。这些,其实已经纳入专业新闻媒体的序列。这同样是中国的特例。

不过,需要加以说明的是,即使一些"非专业新闻机构"拥有"专业新闻媒体",但去除了这些"专业媒体"的部分,仍然属于"非专业新闻机构"。这些相应党政机关也仍然有"非专业新闻机构"的新闻宣传及人才的需求。这不只是宣传文化等特殊部门,即使一些普通部门,随着信息社会、政务公开的需要,也有诸如新闻发言人之类的新闻宣传人才的需求。而在一般并不拥有"专业新闻机构"的事业单位中,对新闻宣传人才的需求,则比党政机关显得更为迫切。近年来,部分重点高校的新闻专业开设了类似于新闻发言人的培训班并进行相关理论研究,如南京大学新闻学院的政府新闻研究所、南京师范大学新闻学院的政府新闻发言人培训班等,即是对这些"非专业新闻机构"内部的新闻宣传人才需求的某种回应或应对。同样,那些近年来"转制"为"企业"的"专业新闻机构"们,自然也与我们所说的"企业新闻与传播"无关,不能因此纳入相应的范畴。

我们所说的"非专业新闻机构",其实是一个相对复杂的概念,其中的党政机关、事业单位、企业等,在其管理目标与功能定位、新闻需求等方面,均存在着巨大的差异。因此,本文的论述对象主要定位在"非专业新闻机构"中的各类企业,而新的专业或专业方向的名字则定名为"企业新闻与传播"。关于它的命名、定位、性质和内涵,我们将在下文详加论述。

其实,对新闻宣传人才有着更大需求量的"非专业新闻机构",其实主要是各类不同性质的企业。笔者在从事新闻工作时,曾访问过江苏春兰集团,据它当时的新闻中心主任介绍,这个中心现有 70 多个工作人员,而它的编制竟然是 120 个,尚未满编。其实,这并不值得大惊小怪,相当一部分大型企业均拥有自己的报纸、杂志、电视台、电台,更不要说更为普及的企业网站、博客、微博、微信公众号,等等。这些企业内部的媒体宣传平台,由于意识形态以及管理方式方面的原因,并未被纳入大众传媒的格局,而是打上了"内部"媒体的烙印。但是,它们对新闻宣传人才的需求却是不争的事实。大型企业如此,中小企业也是如此。即使一些小微企业,仍然有发布新闻以及进行产品宣传的内在需求。

还有一点需要补充说明的是,事业单位是中国的特殊产品,经过定位和归类,它们的相当一部分可以归为企业,一部分可归入机关,只有很少的一部分属于纯粹的所谓"事业"。这是当前中国事业单位改制的主要现实需要和理论依据。因此,在所谓的"企业"中,又汇入了昔日的部分"事业"单位。这些"企业",因其市场性和经营性的需求,它们所需求的新闻宣传人才,固然与专业新闻媒体所需求的新闻人才具有某种程度上的类同性,但也具有不同的或者说个性化的需求特性。这个问题无须论辩。

当然,随着"小政府,大社会"时代的到来,大量的社会组织和机构也将会大量产生。它们不再能按照传统意义的社会结构的划分,如机关、事业、企业等,但它们对于新闻宣传人才的需要,同样也是不可小觑的一个重要组成部分。这将是"非专业新闻机构"的内涵和外延的重大扩展。而一些以传媒业务为主的公司,从事着泛化的新闻活动,如广告等,它虽然具有"准专业新闻机构"的意味,但在本质却是真正意义上的"非专业新闻机构"。

因此,在改革开放以及市场经济的大背景下,企业的范畴将会不断扩容,而其对新闻宣传人才的需求也会相应不断增加。

对于各种专业或非专业新闻机构来说,这是一个诸侯纷争,各统一方的时代。如果这样说有些夸张,那么,至少它构成了某种"划江而治"的格局。反正,它绝不是那个隐性的社会或存在,就如《巴黎圣母院》中的那个"奇迹王朝"。而从某种程序上来说,它的疆域,可能比前者更为广大和辽阔,也因为缺少关注和研究,也显得更为蛮荒。但确确实实,因为生命体的某种本能和需要(像自然界一样,一些社会组织也是具有生命的,因其具有不可遏制的生长性和发展本能),它们这些年来一直在野蛮地生长,虽然说不上健康和蓬勃,更谈不上理性和建设。这有待于我们的新闻教育界和学术界的介入,这是我们的使命所在——为一片早已存在的疆域和领土进行确认和命名,并从事最为基础的建设,这是一份"开疆拓土"的事业。

因此,这就是非专业新闻机构的新闻人才培养,特别是"企业新闻与传播"人才培养提出的特殊时代大背景。

二、"企业新闻与传播"专业方向设置的必然性和必要性

目前,传统的新闻学、传播学专业的培养目标主要是为报纸、杂志、电视台、电台等专业新闻机构培养新闻人才。近年来,随着新闻人才培养规模的不断扩大,特别是新媒体日渐崛起之后,传统媒体受到巨大冲击,新闻学专业毕业生进入专业新闻机构工作的通道已经日渐狭窄。即使一些知名院校的新闻学、传播学专业毕业生,能够进入专业新闻机构工作的比例也只有 30% 左右。因此,高校传统新闻学、传播学专业面临新的挑战,其人才培养目标和定位亟需转型,对于普通新建本科高校来说则尤为紧迫。

而另据统计,截至 2015 年 5 月,全国各类市场主体达到 7 264 万个,其中,各类企业的总数为 1 959.4 万家。[①] 这是一个非常庞大的数字,全国数千家专业新闻机构与它比起来,可谓"小巫见大巫"了。在这个以网络经济和"眼球"经济为特征的时代,这些企业需要大量的应用型新闻宣传人才,其间蕴藏着巨大的社会需求空间。一个非常有力的证据是,这些年来,关于新闻策划、炒作、形象经济、品牌价值的理念也曾得到广泛的宣传,并引发了广泛争论。有论者认为,"没有策划而急于实施,乃盲人瞎马;只有策划而无实施,乃纸上谈兵;有策划而又实施,事半而功倍"[②];又有论者如此界定企业的"新闻炒作","炒作是一门学问""得炒作者得'天下'""新闻引导世界,炒作引导新闻",并认为"'新闻炒作学'是对传统新闻观的挑战"[③],这里自然有某些过激之论。但是,整个社会对此的接受度在这些争议以及现实面前,已经大为增强。"时代变了,观念变了,企业管理的思路也正在变。过去,工业时代,人们关心的是产品的功能、价格和质量。在今天,信息时代,知识经济时代,信息与知识能非常迅速且较为充分地满足人们生产与生活的需要。于是,它们使企业之间的产品功能、价格、质量相差无几。那么,企业间竞争还靠什么?……企业形象与代表企业形象的品牌就是当今企业实力的根本标志。"[④]这是"企业新闻与传播"专业方向开设的基础,也是其社会需求的有力证明。

为此,依据社会及经济发展对新闻人才的新需要,高等学校的新闻学、传播学专业,需要进一步明确为"非专业新闻机构",特别是为广大企业培养新闻"应用型"人才的培养定位及战略性改革目标。对于以"应用型"人才培养为主体的新建本科院校,也可借助"企业新闻与传播"专业或专业方向的确立,构建与传统高校新闻学、传播学专业的人才培养定位和目标形成"错位竞争"的全新格局。

作出如此选择,还基于以下原因:① 中国社会从意识形态为主体向社会经济发展

---

① 此数据来源,系国家工商总局 2015 年 5 月公布的《全国市场主体发展报告》.
② 陈火金:《策划方法学》,北京:中国经济出版社,1999 年 10 月版,第 1 页.
③ 魏剑美、唐朝华:《商业策划与新闻炒作》,北京:中国商务出版社,2005 年 1 月版,第 1、363 页.
④ [美]肯特·沃泰姆:《形象经济·序》,刘舜尧译,北京:中国纺织出版社,2004 年 1 月版,第 1 页.

为主体的社会发生转型,经济建设成为中心任务,这也带来了"非专业新闻机构"中各类企业对大量新闻与传播人才需求的扩容增量。② 这种社会转型也意味着相关新闻学、传播学专业从主要服务于政治或意识形态的需要,发展为更多服务于经济建设和社会发展,这是中国新闻教育发生"转型"和"飞跃"一次历史性契机,具有重大现实意义。③ 高等学校服务于经济建设这个中心,就必须向"应用型"转型。由此,对于中国新闻学、传播学来说,也就蕴育了"内在转型"的需要,它的主体方向是服务于社会经济,主要方式则是"应用型"。不过,这种转型仍然是以传统新闻教育为基地和起点。这是其与传统新闻教育之间内在关系,"内在转型"并非"全面断裂",我们对其"革命性"的充分认定是从价值层面来说的。

然而,我们高等学校的培养新闻人才的现状是,基本是服务于专业新闻机构的,几乎没有一家高校为"非专业新闻机构"(特别是广大企业)量身定做,培养它们所需的各类新闻人才。而随着新媒体的崛起,传统意义上的专业新闻媒体(报纸、杂志、电视台、电台等)正在走向衰落,利润下降,人才流失,所需新闻人才也在大为减少。香港凤凰卫视董事局主席刘长乐在今年的第八届世界华文传媒论坛上说:"我们已经看到,现在传统媒体衰鸿遍野。据了解,北京的纸媒去年几乎全部亏损,只有一家赚钱,今年上半年,唯一赚钱的这家媒体收入狂跌 46%。而电视媒体也遇到了同样的挑战。凤凰卫视的电视媒体在今年上半晔收入下跌 29%。"①而有 136 年历史的《华盛顿邮报》以 2.5 亿美元转手,更是敲响了传统媒体的警钟。"皮之不存,毛之焉附。"因此,高校传统新闻专业亟需转型,已是迫在眉睫。虽然,这些高校新闻学和传播学的相关专业,也正在向"全媒体"人才的方向转型,但是,与广大"非专业新闻机构"特别是企业所需的人才数量相比,则完全不在一个能量级别上。

因此,企业新闻人才的培养有着广阔的前景和利好。它不仅可以更好地服务企业、服务经济建设这个中心,也有利于大学生就业问题的解决。而对于渐趋衰落的包括新闻学、传播学等文科专业来说,也是一种新的拯救,或者一缕新的曙光。

在高等教育向"应用型"转型的时代大背景之下,高等学校的新闻学、传播学专业把"企业新闻与传播"人才培养当作自己的切身要务,不仅正当其时,也是使命和责任所在。

三、关于"企业新闻与传播"的性质、内涵以及某些特殊属性的探究和思考

"企业新闻与传播"不仅是呼应社会及经济发展需要,也是适应新闻专业发展趋势提出的一个新的概念,它既要遵循新闻的一般规律,又具有企业新闻的特殊性质。它与新闻学和传播学均有密切关联。或者说,它既是一个新闻学的概念,也是一个传播学的概念。

在最初的《"企业新闻"的性质、内涵以及相关专业方向设置的基本构想》(研究报告)中,我们的提法是"企业新闻"。2015 年 6 月,我校召开了一个新闻应用型人才培养

---

① 刘长乐:《传统媒体的转型才刚起步》,在第八届世界华文传媒论坛上的讲话,2015 年 8 月 22 日,贵阳.

及品牌专业建设的研讨会,在这个会上重点讨论了"企业新闻"的问题。中国人民大学郑保卫教授、复旦大学的童兵教授、武汉大学的罗以澄教授、南京大学的丁柏铨教授等均出席了会议。中国人民大学郑保卫教授认为,"企业新闻"应该把"传播"加进去,这样,不仅更贴近企业的实际,在学理上也才能说通。这个建议应该说非常中肯,也有学术上的某种高度。经反复讨论,在"企业新闻"、"企业传播"、"企业新闻传播"、"企业新闻与传播"等名字之间,几经斟酌和反复,最终把这个专业方向定名为:"企业新闻与传播"。

我们需要解决的第一个问题是,何谓"企业"? 从性质上来分,企业有跨国公司、外资企业、国有企业、民营企业、股份制企业等;从规模上来讲,又有大型企业、中型企业、小型企业,等等。除此之外,一些转型后的事业单位,也包括在此列。一些传统的事业性单位,在转型之后,需要自我经营、自我宣传、自我营销,因而具备了企业性、市场性和经营性。作为民办非企业单位的民办高校、中学、小学、幼儿园,以及企业化和市场化的医院、文化出版机构以及科研院所等传统"事业单位",均在此列。

以上提及的这些需要经营和营销的企业单位,不仅每日均会产生各种各样的新闻,同时,还需进行自身的新闻宣传和营销。这里面,既包括新闻学,又包括了传播学。因为这种学科交叉的特殊需求,这也是我们把这个专业或专业方向的名字定名"企业新闻与传播"的重要原因之一。

对此,有很多值得思考和落实的问题或课题。

1. "企业新闻与传播"包括"新闻"和"传播"两个方面。"企业新闻"的落点也有两个:一是媒体关于企业的报道,二是企业自身的对内、对外新闻宣传报道。后者是主体,即不是媒体记者写与企业有关的新闻,而是企业的宣传和新闻工作人员,如何写作自身所在企业的新闻。说到底,"企业新闻"属于"非专业新闻机构"的新闻写作,这是它的重要本质和特征之一。而"企业传播"的范畴则更为广泛,这里包括企业新闻的传播以及其他各种类型的传播需求。

2. "企业新闻"具有高度综合性的特征,以"经营性"和"市场性"为重要特征的"企业新闻"不仅有经济新闻、产业新闻,也有科技新闻、文化新闻、社会新闻等。这是必须引起注意的一个问题,不能把企业新闻单纯等同于经济新闻或产业新闻。

3. "企业新闻"还具有多元化的承载和传播形式。一是专业新闻媒体,包括正在崛起中的"网络新媒体";二是企业内的各类媒体,包括企业内部的报纸和杂志、电视台、网站、博客、微博、微信公众号等。

4. 企业文化是"企业新闻与传播"的灵魂。企业新闻不仅必须具备内在精神和特色,即必须与自己的企业文化和企业精神相接轨,而且企业新闻也是塑造企业形象和品牌塑造、凝练企业文化、提高企业凝聚力和向心力的重要利器。而中国这个特殊的语境下,"社会主义核心价值观"也应该成为企业文化的一个不可或缺的组成部分。

5. 企业新闻的写作与传播需要高度社会责任感及其思想高度。中国企业的健康和快速发展,关系到中国的未来。这不仅是经济的未来,也是政治的未来。比如,国有企业与民营企业之间,存在着各种博弈和竞争,如何处理它们之间的关系。这关系到中国往何处去的大问题？推动国有企业的改革,推动民营企业的发展,是企业新闻与传播的重要内容。这是"企业新闻与传播"的"意识形态"。

6. 企业新闻要加强策划和运作功能。一方面承载自己的企业文化,一方面承担应有的社会责任。如江苏红豆集团,极其重视中国传统文化的重大作用,他们投入巨资对"七夕中国情人节"进行推广和包装,这是一种社会责任心的体现。应该说,作为一个被"复活"的传统节日,现在已经为更多国人所接受;而对企业本身,也起到了很好的形象包装和宣传作用。

7. "企业新闻与传播"的运作者必须具备一定的思想高度和境界。因此,一些企业在新闻及传播方面的"捉刀者"往往是高层领导。华远集团原总裁任志强等地产界人士,他的博客新闻以及各种活动中的发言,成为企业形象、企业精神的最好宣传方式和传播载体。

8. 在企业新闻与传播问题上,我们要克服两种认识误区:一、企业新闻与传播在客观上成为自我欣赏和自娱自乐的"内部新闻",只满足于企业内部知道就行。其实,像专业新闻机构一样,它也具有外部导向性。在互联网的时代,这一特征得到进一步的强化。二、"企业新闻"不是"马屁新闻"、"吹牛新闻",更不是"撒谎新闻"。企业新闻和传播不是为自己的企业当"吹鼓手",自吹自播,自我欣赏,它是具有社会义务和社会责任感的。

9. 在企业新闻和传播的问题上,我们还要防止三种错误倾向:一是把新闻变成了工作总结或领导讲话,这是国有企业在新闻宣传中常出的毛病;二是把新闻变成了产品广告或企业的品牌广告,这是民营企业在新闻宣传中常会出现的偏差;三是把新闻变成简单的消息类的会议新闻和活动新闻,企业新闻也可以有人物、事件、调查等通讯类的深度新闻,有追踪,有焦点,有高度。这正是对新闻写作及传播水平的真正考量,也是我们设置"企业新闻与传播"这个专业方向,为广大企业"对口"培养专业新闻宣传人才的重要性和必要性之所在。

四、"企业新闻与传播"专业方向设置的可行性及其基本构想

然而,不管"企业新闻与传播"这个专业方向有多少特殊性,它仍然属于大的"新闻学"和"传播学"的范畴。它是传统新闻传播学基础上的某种拓展和延伸,并非一般理解上的另起炉灶或推倒重来。应该说,这个专业方向的设置具备现实的基础和操作上的可能性,无论是师资、课程设置、教材等方面,均非白手起家。另外,作为一个新的专业方向,它指涉新闻学和传播学两个方面,"应用型"特征也十分明显。同时,它应该是高校、媒体与企业的三结合的产物。

当然,作为一个新的专业方向,它并非没有困难和挑战。比如说,人才培养方案的制定和落实,相关直接对口的教材编写,与企业新闻与传播相关的的师资,企业实习基地的建立等,这都是全新的开拓和探索。

"企业新闻与传播"专业方向的设置,必须重视和思考如下主要环节和重要方面:

1. 专业(或专业方向)设置及人才培养目标定位的形成

这是一个实践性和应用性课题。从具体操作上来说,它是具有可行性的。"企业新闻与传播"可以先期作为新闻学或传播学下面的一个"专业方向",在高校新闻专业中开课和招生。这是一种探索和尝试,在逐步积累经验之后,可以尝试作为一个新专业向教育主管部门提出申请。在国家主管部门不断简政放权,高校的办学自主权不断扩大的今天,这样的实验是具有政策支撑面的。

而人才培养目标及定位的形成,则是重中之重。"企业新闻"人才必须具备三大特征:一是"应用型",必须适合企业的日常工作和新闻宣传的实战需要。二是"复合型",这超出"全媒体"概念,这意味着还需具备新闻才能之外的其他知识和才能。这不仅是因为企业是讲求效益的,特别是对于中、小型企业来说,不可能配置多名企业新闻宣传人才(大型企业除外),因此"复合型"、"全媒体"、一专多能成为"企业新闻"人才的基本特征,也是高校的培养目标。三是"全媒体",主要是必须具备"新媒体"的应用能力和水平,这也是针对广大中小企业说的,一般的中小企业不会投放大量资金主办厂报、厂刊或电视台。因此,在这个"自媒体"的时代,"新媒体"是这些企业的方便、快捷、经济、理性、实用、有效的选择。而这三者,与我们现有新闻学或传播学的人才培养目标并无根本矛盾,只是需要进一步的深化和强化。

2. 依据人才培养目标及定位,重组课程及教材体系

作为一个新的专业方向,"企业新闻与传播"一方面需要学习新闻学、传播学方面的基本知识,同时,又要适应企业新闻以及企业日常宣传工作的需要,开设一些新的课程。

在传统新闻学课程的基础之上,应构建三大集成课程模块,即"企业新闻"核心课程模块、"企业新闻"基础课程模块以及"企业新闻"新媒体课程模块,并根据经济社会的发展需要,不断更新自己的教学内容。在"企业新闻"核心课程模块里,可以建设《企业新闻策划与写作教程》《企业报刊编辑实务》《企业电视台的运作和管理》《企业新闻发布与危机公关》等课程及教材。在"企业新闻"基础课程里,应构建企业新闻宣传工作所需要的经济学、法学、策划学、市场营销等方面的课程体系,并形成相关配套教材。在现有开设的新媒体课程模块里,增加企业(特别是中小企业)新闻宣传人才所需掌握的新媒体技能,具有更完备的实用性操作技能。正如专家所说:"我们通过互联网探索的并不是一个陌生的世界,而是一本已存在的世界,那就是万变不离其宗的人类社会。"[①]这也是大数据的时代对我们提出的必然要求,"除了上帝,任何人都必须用数据说话"。

这些年来,由于企业发展的需要,特别是对于"形象经济""品牌意识"的增强,也有大量关于企业新闻的策划、传播方面的书籍出版。但这些只是满足于某种实用和一时之需,过于零散,难成体系。从建立一个专业或专业方向来说,这些是远远不够的。

3. 建设一支应用型、复合型的"企业新闻与传播"专业方向的师资队伍

传统新闻学、传播学方面的师资并不缺少,但适应"企业新闻与传播"专业方向的老师尚且匮乏。相当一部分新闻学、传播学方面的教师,并没有从事过企业新闻宣传工作

---

① 彭兰:《网络传播概论·后记》,北京:中国人民大学出版社,2009年2年第二版,第416页.

或相关研究的经历;而企业的新闻宣传从业者中的多数人,又因缺乏新闻理论基础和教学经验,而难以适应高校新闻教学的需要。因此,师资队伍的培养和造就,将会成为继"教材建设"之后的第二个"瓶颈"。

我们可以设想的解决办法是,一是传统新闻学、传播学教师的转型,从而与企业新闻接轨,也让自己更接"地气",这是一个新的课题;二是聘请来自于专业新闻机构的、与企业直接打交道的经济新闻的记者或编辑来校任教;三是邀请具备一定新闻理论基础的、企业一线新闻宣传工作人员,来校任教。他们可以带来一线的声音和需求,这对学生的"应用型"培养无疑具有重要的作用。

因此,以下三个措施必须实行:一是引进专、兼职的资深媒体人,担当各新闻实践课程的老师;二是引进具有相关资质和水平的企业资深宣传工作人员,从事与"企业新闻"直接相关的核心课程的讲授;三是以新闻理论见长的学院中青年老师,派往媒体、企业挂职或学习,以使自己尽快向"双师型"转化。

媒体、企业与学校三方融合、互补,打造适应"企业新闻与传播"人才培养所亟需的应用型和复合型的师资队伍。

4. 实践性教学的开展以及实习平台的建立

"企业新闻"的教学实践非常重要,如何把理论教学和实践教学相结合,也是值得探讨的一个重要课题。企业新闻的未来从业者,固然主要在企业从事新闻宣传工作,但又需与大众媒体频繁地打交道,这就使得他们的社会实践或者实习工作需要两个阵地:一是企业,二是专业新闻机构。作为课堂教学的延伸,实践性教学必须得到加强,并用制度加以保障。因此,该专业的学生必须有机会在专业新闻机构和企业进行实习和锻炼。因此,必须下大力气建立企业和专业新闻机构的实习、实训平台,在指导老师、实训项目、实习时间及保障、实习成绩评定等方面,形成一套系统化的措施和制度。

通过以上所说的人才培养目标及其定位的确定、课程体系的设置、校内外实训平台的建设、"双师型"教师队伍的打造等,从而确保学生的培养质量,使学生成为应用型、复合性以及具备较高新媒体水平的优秀"企业新闻与传播"人才,满足经济社会的发展需求。

不过,在这篇论文里,"企业新闻与传播"是被加上引号的。因为,这只是一个尚不成熟的提法,还没有得到社会以及学界的广泛认可。另外,以上的阐述从学术理论上来说也显得非常粗浅,我们旨在"抛砖引玉",期待着有更多的学人和企业新闻宣传方面的专家参与进来,共同推进理论上的探索和建设;同时,我们也正在努力之中,希望它在实践上能有一个真正的开始,从而完成从理论设想到实践应用的一次新的"飞跃"。

我们期待并坚信着,"企业新闻与传播"最终会有打开"引号"的这一天。

前　言

　　"在新媒体的时代语境下,企业视频的应用已悄无声息地渗透到了企业运营的每一寸土地。从一线操作的讲解视频到部门会议的汇报视频,从专家研讨的项目视频到文化建设的活动视频,从企业形象的宣传视频到产品上线的广告视频,视频全方位参与已成了企业日常运行的常态。企业视频的蔓延是各方面发展的综合产物。"①

　　首先,企业发展需要企业形象塑造。"酒香不怕巷子深"的时代早已过去,市场经济的时代语境下,利润是首要的目标,如何营销自己成了企业不可忽视的课题。同类商家的竞争、跨界商家的竞争令很多企业如履薄冰,稍有不慎则万劫不复。从贩卖奴隶的古希腊社会到站满了叫卖商贩的古罗马街道,再到迦太基地中海的贸易区,他们推销自己产品的手段算是最早的广告行为了。20世纪90年代,中国市场经济体制确立的初期,马路上会有载着喇叭宣传产品的小卡车,空中发放广告纸条的热气球,路边醒目的横幅等小区域性的广告形式。那时,每个城镇都有自己的品牌,逢年过节,山东喝自己的梨汁饮料,江苏喝自己的杨梅果汁,餐桌上的酒水饮料大不相同。随着经济体制市场的进一步发展,很多品牌意识到,如何在众多同类产品中突出重围才是关键,否则就会沉没在日益饱和的市场当中,西瓜就那么大,分的人越多,吃到的就越少。如何树立自己的品牌形象成了企业进一步发展的新课题。这部分企业的异军突起,乘着电视媒体宣传的强势之风,颠覆了整个中国的品牌格局。传媒的发展促进了市场的同质化,现在酒桌上的酒水饮料无外乎荧幕广告上常见的那几种,地域性的小品牌存活下来的少之又少。当今企业的市场不再是一个人、一条街、一个地区,广告的手段也日臻完善。仅仅靠一些户外大牌、纸媒宣传已经无法达到企业预想的宣传效果,创意新颖、内容有趣的广告手段更容易引起市场的反响。20世纪末,视频广告成为了最先进、有效的广告方式。"燕舞"录音机、"南方"黑芝麻糊、"步步高"VCD、"旭日升"冰茶等广告片在当时不仅是一则商业广告,更是行走在大街小巷的文化标签,不仅起到了广而告之的作用,更起到了塑造形象的效果。企业的品牌树立、形象塑造一直是企业发展的重要考量标准,放眼世界,这也是企业面临的共同课题。"新世纪开始以后,随着人们对于世界传播的认识,新的品牌效应也开始出现,如游戏世界的'暴雪'以及著名的'脸书'网站等,都成了人们

---

　　① 张丁心:《新媒体语境下企业视频的现状分析》,《西部广播电视》,2018年6月5日.

趋之若鹜的经典。"①

其次，视频普及助力企业运行高效。从 1923 年电视的发明者之一美籍苏联人兹瓦里金发明电子扫描式显像管开始，到视频登上历史舞台，发展至今还不到 100 年。相对于文字、图片、广播等形式，在这短短的不到 100 年间，视频已是第三传媒的绝对输出方式，第四、第五传媒的主要输出方式。视频综合、高效的特点对人们有着巨大的吸引力。早在 19 世纪末人们就开始了对"活动影像"的探索，"活动影像"类似于视频的效果在当时也引起了大家的好奇，也最终导致电影的诞生。"活动影像"最开始的探索就伴随着艺术创作的光环，1888 年，乔治·伊斯曼在美国发明了胶卷，1894 年，乔治·伊斯曼与发明家爱迪生共同合作了首部"活动电影视镜"。"活动电影视镜"已初步具备电影的三个基本元素：拍摄、洗印和放映，他们把 15.24 米的凿孔胶片放映在一个大箱子里，一次只能供一个人观看。直到 1895 年，法国的卢米埃尔兄弟制造出能在白色幕布上放映影像的电影机时，成熟的电影才宣告诞生。随着科技的进步，视频技术走下神坛，开始变得大众化，简单的视频摄制已被大众所掌握。传统摄像机、家用 DV 的操作越来越简单明了，单反相机、手机的视频拍摄功能也越来越专业、方便。再加上视频本身直观明确的表现特点，使得视频被大量运用在企业日常事务当中。视频具有的可传播性、可复制性、可更改性使其拥有了广泛的使用空间。例如，员工的培训，不用一批批的员工进入一定规模的场地一次次的培训，直接录制好培训视频发布在网站上，等员工自行访问即可，除必要的集中之外，都可以网络沟通。另外，项目讲解的模式也不再是设计师带着电脑到每个办公室给不同的领导讲解 PPT，只需要将 PPT 输出成视频格式，然后对应播放进行讲解，再把视频和音频合并即可做成讲解视频。给每位领导发一份视频，分别反馈意见即可。视频的可修改性使视频可以反复使用，修改有问题的部分，调整需要改进的部分，或者加入新的部分都可以在剪辑软件上实现。剪辑软件的种类也对应了不同人群，专业级的、入门级的剪辑软件应有尽有，甚至手机自带的剪辑软件就能完成比较完整的视频制作。当然，这些简单的视频拍摄与制作也需要一些专业水准，但拥有这样技术的人员才是企业集约化发展战略的需求，而且市场对此类技术、人员的需求量也日益增加。

最后，传媒发展决定信息传播方式。21 世纪，第四、第五媒体的发展令视频应用在日常生活中无孔不入，4G 时代的到来改变了人类的生活方式。现代信息的传播形式基本上遵循着"能用图片不用文字，能用视频不用图片"的原则。当然，文字、图片、视频并不是绝对对立的，而是在内容表现重要性上的一种比例关系。早期的互联网新闻，多是一篇文字详尽描述的新闻配一张图片，用这张图片佐证新闻内容。后来变成了一段文字配一张图片，每一段文字都有图片佐证，而且因为图片的增加，加强了新闻的视觉效果。再到后来变成了一张图片配一篇文字，此时的图片重要性开始凸显，因为图像比文字更直观，同时也因为摄影技术的普及以及互联网的传播特点决定。再到后来，一篇新闻基本都是图片，每张图片下只有一行字补充说明即可，图片基本可以表现所有内容。

---

① 《文化创意产业的策划与设计》，P241，周光毅，南京大学出版社 2015 年出版.

新媒体环境下,互联网与移动网络相互补充,各大媒体、视频网站分设电脑端、手机端、Pad 端等等。此时,视频新闻兴盛起来,除了标题,就是一段视频,连文字补充都不需要了,所有的文字都可以以旁白的形式直接录制在视频里。传统的新闻报道在图文并茂的同时,一般也不忘加上一段视频适应潮流节奏。几大主要社交平台,视频功能开发越来越完善,视频使用率越来越高。朋友圈里大家基本上以视频的状态发布新鲜事,可以随拍随发,也可以用快手、美拍等 APP 录制后直接进行简单的编辑包装,然后直接发布或者转发到朋友圈里、QQ 群、微信群里,三五分钟的视频只要压缩在 20 m 以内就可以任意转发,传媒方式的转变为如此高信息量的视频传播提供了可能性。淘宝的产品介绍也逐渐地由原来的图片变成了几十秒的小视频。如何将原来的操作步骤、使用规则、安装说明、细节展示等图文展示方式变为视频也成了各个电商要面临的问题,同样这也给相关制作公司、相关技术人员提供了商机。还有像电梯、走廊里的广告牌也变成了视频终端,每天不同的广告视频循环播放,相比原来每隔一段时间换一批海报的形式,省时省力而且信息容量翻倍。

综上所述,当下很有必要建立关于企业视频的课题研究,企业将会需要大量的视频用于企业的运行、宣传、记录等方面,同时,这也给相关技术工作人员提供了大量的商机。无论是将视频承包给制作公司还是企业自己的工作人员制作,企业视频的摄制都需要有专业的制作流程和规范的制作技术作为保障。这本书将会介绍企业所能接触的各类型视频,从前期策划到拍摄制作全方位解析各种视频的制作流程,目的就是为相关工作人员提供理论、实践的依据,帮助相关工作人员更清晰、有效地进行企业视频的策划与制作工作。

目　录

绪 论

第一节 视频的起源

一、"活动影像"的出现

21世纪，视频的使用可以弥补声音、图像、文字等载体的效果不足和功能单调的缺陷，这种"活动影像"的综合性能是任何一种单独载体所不具有的。但纵观整个"活动影像"的发展历程，我们可以发现，它的综合表现效果是在漫长的开发研究与修改沉淀中积累而成的。常与视频打交道的我们，习惯性地享用着视频带给我们便利的同时，有必要了解视频是如何发展至今的。当然，我们所讲到的企业视频是广义上的视频，无论是数字拍摄还是胶片拍摄，所有活动的影像都在这个范畴之列。正是历史上所有关于"活动影像"的研究，才推进了电影、电视、视频、动画等一些列的发展，也为今天的企业视频提供了更多的施展平台。

从我国古代的走马灯、灯影戏开始就有了"行动的图像"的效果，再到西方国家的魔盘、活动幻灯等，人类在科学和艺术的天地里寻找到了视频最初的身影。伟大的人类从不安于现状，也从不满足于过去的辉煌，还要在更高的天空里展翅翱翔。那时活动幻灯呈现的效果已经很接近视频的效果了，缺点是幻灯片上的用图是人工画出来的，不仅费时费力，而且画面内容简单、粗糙。如何让画面的影像更复杂，内容更生动成了活动幻灯继续开发的瓶颈。摄影术的发展帮助人们解决了人工画图带来的麻烦，人们把照片放在幻灯机上取得了更好的效果，这一举动也推动了早期摄影机和放映机的发展。短暂的成绩不会让发明家停滞不前，很快大家觉便得幻灯机放映照虽然画面逼真，但是放映效果却十分卡顿，一系列照片并不连续，放映出的影像距离现实中的活动效果相差甚远。如何达到连续的效果又成了科学家们新的课题。终于在1851年，克罗代、杜波斯克、阿切尔、惠特斯东、凡哈姆和斯甘等人试制成功了第一个"活动照相"视频。他们拍摄了一个人放下手臂的动作，为了达到连续的效果，他们把这个动作分解为若干个步骤，同时采用连续拍摄的方法记录每一个步骤。先拍举起手的姿势，再拍把手稍微放下一点的姿势，然后每次都把手下降一点，一直连续耐心地拍摄到把手完全放下为止,最后把所有照片放在幻灯机上放映,银幕上的影像便有了流畅的放映效果。

1872 年的一天,在美国加利福尼亚州一个酒店里,斯坦福与科恩发生了激烈的争执:马奔跑时蹄子是否都着地?斯坦福认为奔跑的马在跃起的瞬间四蹄是腾空的;科恩却认为,马奔跑时始终有一蹄着地。争执的结果谁也说服不了谁,于是就采取了美国人惯用的方式打赌来解决。他们请来一位驯马好手来做裁决,然而,这位裁判员也难以断定谁是谁非。这很正常,因为单凭人的眼睛确实难以看清快速奔跑的马蹄是如何运动的。裁判的好友——英国摄影师麦布里奇知道了这件事后,表示可由他来试一试。他在跑道的一边安置了 24 架照相机,排成一行,相机镜头都对准跑道;在跑道的另一边,他打了 24 个木桩,每根木桩上都系上一根绳子,这些细绳横穿跑道,分别系到对面每架照相机的快门上。一切准备就绪后,麦布里奇牵来了一匹漂亮的骏马,让它从跑道一端飞奔到另一端。当跑马经过这一区域时,依次把 24 根引线绊断,24 架照相机的快门也就依次被拉动而拍下了 24 张照片。麦布里奇把这些照片按先后顺序剪接起来。每相邻的两张照片动作差别很小,它们组成了一条连贯的照片带。裁判根据这组照片,终于看出马在奔跑时总有一蹄着地,不会四蹄腾空,从而判定科恩赢了。[①]

故事本该就此结束,但相对于这次赌局的结果,让大家更感兴趣的是这种从未见过的裁定方式。摄影师麦布里奇常常向别人展示那条照片带上的奔马过程。有人在一次快速的拉动这条照片带后,一幕奇特的景象出现在眼前:原来 24 张静止的照片,依次快速呈现,静止的马竟然叠成了一匹运动的马,就像"活"了一样!后来摄影师麦布里奇试图继续完善活动幻灯片的效果,用 40 多架照相机拍摄人或物的运动影像,制成了各种新的活动幻灯片。虽然 40 多架照相机可以记录更多细节,但这没从根本上的对活动幻灯片的摄制方式做出改变,即使用 40 多架照相机拍下的照片,也只能放映一到两秒钟,如果要放映一段相对完整的活动,起码要一到两分钟,这短短的一到两分钟就需要成百上千架照相机进行拍摄。此时,继续完善视频效果的课题又指向了新的方向。能否用一架可以连续拍摄的摄影机来代替多架单独的照相机呢?科学家的思维总是可以超越常人,当大家还在习惯于某项发明时,他们已经看到了不足或是为其找到了新的用途。1874 年,挪威天文学家强逊利用了左轮手枪的原理发明了一种"转轮摄影机"。这个摄影机上有一个镜头和一个密封的圆筒形暗箱。在暗箱里有一个齿轮,齿轮带动一块圆形的感光板间歇地转动,每拍摄一个影像,它就停止 70 秒,把感光板转过去,然后再拍第二个影像。这样一来,就可以拍摄到 17 个影像,强逊因此成功地拍摄到了金星经过太阳旁边的各阶段的影像。不久后,马莱——来自法国的生物学家,将活动照片和转轮摄影机的原理综合,在此基础上又进行了几年的尝试,终于发明出一种被人们叫做"摄影枪"的固定底片连续摄影机,它是第一架电影摄影机。在"摄影枪"中,装的是涂有感光药膜的可卷纸带,而不再是平板底片。马莱使用固定底片连续摄影机拍了各种连续

---

① 《打赌诞生的电影》,《四川科技报》,2014 年 5 月 16 日 07 版.

运动的照片,有鸟儿飞翔、动物奔跑、人类运动等。1888 年,马莱改进了固定底片连续摄影机,并把它拍出的照片洗出来献给了法兰西共和国的科学院。马莱在影像探索方面的成绩,掀起了科学家的研究热潮,推动了摄影技术的不断更新,使得摄影机器日趋完善。

1894 年,爱迪生发明了"电影视柜"。他将放映光源放在一个大木柜里,放映光源配有放大镜,并装有滑轮。滑轮牵动一条 50 英尺长的"影片",这条"影片"由一系列照片组成。"影片"以每秒钟 46 格画面的速度移动,每换一格,遮闭器就把"影片"遮一下,不让观众看到影片的移动,呈现给观众连续的观看体验,影片头尾相接,可循环播放。"电影视柜"的出现,引起了短暂的轩然大波,人们争相观看,并形象地称它为"魔柜"。电影视柜虽然能够提供观众长达半分钟的观影体验,但缺点是每次只能供一人观看,成本过高、效率低,解决不了多人同时观看的问题。"电影视柜"最终没有得到广泛推广。"电影视柜"虽然因种种缺陷,未能得到推广,却使发明家们对电影的研究有了更明确的问题指向性,就是如何更完善地向多人观众放映电影。

1895 年,法国的卢米埃尔兄弟——路易·卢米埃尔和奥古斯特·卢米埃尔,在爱迪生发明的"电影视柜"和他们研制的"连续摄影机"的基础之上,成功研制出了"活动电影机"。"活动电影机"已经具备了拍摄、放映、洗印等功能。"活动电影机"以每秒 16 格画面的速度拍摄和放映,相比于"连续摄影机","活动电影机"的图像更加清晰稳定。1895 年 3 月 22 日,卢米埃尔兄弟在巴黎举行的法国科技大会上第一次播放他们用"活动电影机"拍摄的影片《卢米埃尔工厂的大门》,并获得成功。同年 12 月 28 日,卢米埃尔兄弟在巴黎的一家咖啡馆里,正式公映了他们自己摄制的《火车到站》《水浇园丁》《婴儿的午餐》《工厂的大门》等 12 部纪实短片。史学家们认为,卢米埃尔兄弟首次用到了银幕进行投射式放映电影。他们的拍摄、放映行动已不再是实验行为,因此,史学家们将 1895 年 12 月 28 日定为电影诞生之时,卢米埃尔兄弟也顺理成章地成为了"电影之父"。中国真正意义上的电影最早出现于 1905 年,由北京丰泰照相馆的任庆泰摄制。为了向著名京剧老生谭鑫培祝寿,任庆泰专门拍摄了一段谭鑫培主演的京剧《定军山》作为贺礼。然而,《定军山》虽具有电影的形式,实则却是在银幕上观看传统戏剧,吸引力主要来自电影技术的奇观性。而作为艺术表达的内在核心还是内容的戏剧性,所以此时的电影还是缺少电影作为艺术的独立特点的。

二、"视频信号"的发现

20 世纪初的英国还没有找到可以传播电影的手段。这个热爱戏剧的民族也只能将戏剧用胶片拍摄下来,不能用荧幕的方式让更多的观众看到戏剧。作为第一次世界大战的战胜国,英国除了发展自己的政治和经济外,也在科学技术方面开始了大量的投入。1925 年,贝尔德根据"尼普科夫圆盘"的工作原理发明了机械扫描式电视摄像机和接收机。当时的画面分辨率很低,只有 30 行线,画面大小仅为 1 英寸宽、2 英寸高。在伦敦一家小商店向公众作了表演。这种方法虽极其的简陋,类似于今天传真的方式,仅仅是将一个物体的影像通过扫描的方法传到另一个地方,却也算是迈出了电视发展史上的一小步。1929年,英国广播公司开始通过电话电缆的方式播发电视节目。1930年,英国广播公司做到了同时将电视图像和声音进行发播。1931年,实现了将影片搬上电视银幕的构想。在英国伦敦,著名的马会赛事通过电视实况转播让观众大饱眼福。1936年英国广播公司在世界上首次实现了定时电视广播。尽管贝尔德一直在努力,但是机械式技术路线的问题始终没有彻底解决。贝尔德电视的传送画面质量一直存在问题,因转速问题限制了扫描的精度,导致图像不够清晰,画面闪烁。此时,美国的发明家正在研究电子扫描技术,希望使用电子式电视系统解决机械式技术线路带来的问题。

1937年,英国人发现视频信号也可以像图像信号一样进行传输,那么就不必像以前那样先做图片的传输,再做图片的连续放映等步骤,直接传输视频信号就可以了。至此,视频技术诞生了。1939年6月,美国通用公司将百老汇的经典剧目《温莎的风流娘们儿》用电影机录制后,再用视频信号转播。这时候距离现场直播还差一个环节,那就是要先用胶片将被拍摄对象录下。真正的现场直播是在同年的拳击比赛直播中使用的,现场直接用摄像机对着被拍摄对象,通过视频信号传输,接收端直接进行观看。并且那次直播向观众进行了收费。

三、"企业视频"的探索

企业视频要有一个界定范围——和企业相关的、独立的活动影像。首先,这里有两个概念要去理解:第一,相关活动影像。就是内容与企业相关的视频,比如宣传片、广告、领导发言、操作示范等。第二,独立活动影像。指的是专门针对这个企业的视频,而非仅仅是涉及这个企业。比如,在某电影中植入广告,那么这个电影就不是企业视频,只能说是与企业相关的视频。再比如,某市新闻报道中出现了这个企业领导的讲话视频,同样,这个新闻报道也不是企业视频,也只是与企业相关的视频。当然,与企业相关的视频也对企业的运营起到很大的影响作用。

早期的视频成本高昂,限于当时的科学技术、传播平台等因素,无法像今天这样普及。视频最早和企业产生的交集是电视广告。电视技术的发展为广告的播出提供可能。1958年,在天津712工厂诞生了我国第一台黑白电视机——北京牌14英寸黑白电视机。1958年5月1日,中国第一座电视台——北京电视台于当晚19:00试播,它标志着中国电视事业的诞生。1958年9月2日,我国开始播放黑白电视节目,并在北京建立了相应的电视工业。1970年12月26日,第一台彩色电视机在天津诞生,从此拉开了中国彩电生产的序幕。1978年,电视行业经国家批准引进了第一条彩电生产线,选址在原上海电视机厂也就是现在的上海广播电视集团。随着电视的普及,电视广告行业异军突起。优秀的作品可以将艺术、娱乐融为一体,一方面塑造产品的形象,一方面传达使用者的用户体验。如"威力洗衣机""南方黑芝麻糊"等,具有较强的感染力。电视广告一经出现,便发展迅猛,很快成为广告业中最强有力的支柱。

历史上第一个和企业广告相关的视频是美国1929年播放的动画片《大力水手》,这是第一个广告植入影视作品的案例。其实,这部卡通片是由美国的一家菠菜罐头厂赞助拍摄的,该片为菠菜罐头厂设计的广告语是"我很强壮,我爱吃菠菜,我是大力水手波比!"这也是最早的对白式植入广告。在这部动画片《大力水手》中,每当大力水手吃了菠菜罐头,就会变得十分强壮!随着《大力水手》的热播,菠菜罐头也在美国掀起了一阵销售热潮。

图 0.1　《大力水手》广告

全球第一个电视广告——美国宝路华手表广告。1941 年在电视投放投放之后,掀起了市场营销改革的热潮。

宝路华的这个广告播出时间是 1941 年 7 月 1 日晚间 2 点 29 分。由宝路华钟表公司(Bulova Watch Company)在纽约市全国广播公司(NBC)旗下的"WNBC"电视台上支付 9 美元播放。这则广告是在棒球赛播出前的 10 秒钟播放的。众所周知,棒球在美国是个非常热门的体育运动,因此棒球比赛的收视率也非常高,而电视广告的投放更是全世界第一次,所以当时这个 10 秒钟的广告一经播出,便火爆全国。当时的广告形式并不追求复杂,内容简单却寓意深刻,仅仅是一支手表加一幅美国地图,以及一句口号旁白:"美国以宝路华的时间运行!"就是这则广告的一切。

图 0.2　宝路华广告

我国的电视广告事业首先在上海率开始。1979 年 1 月 28 日，上海电视台宣布开始受理广告业务，并在当日播出了大陆第一条电视广告——"参桂补酒"广告，据原上海电视台广告科负责人汪志城回忆到："当时《解放日报》的总编辑跟别人讲，今天应该为上海台发一枚金牌，因为突破了我们国家的电视，新中国的电视，从来不播放广告的这个不成文的禁令。"①这则广告揭开了中国电视广告史册的第一页。1979 年 3 月 15 日，第一条外国商家广告"瑞士雷达表"播出。当年 12 月，中央电视台又开办了《商业信息》节目，对国内外商家广告节目进行集中播送。

第二节　视频的发展

企业视频的发展与传媒的发展是密不可分的，互联网技术进入中国以前，企业视频的形式以电视广告为主。互联网技术与移动网络进入中国之后，企业视频的形式变得琳琅满目。

一、"原始初创"的计划经济期

党的第十一届三中全会在 1978 年底召开，本次会议确定了把全党的工作重心转移到经济建设为中心上来，这个决策给电视广告的起步创建了有利环境。改革开放的春风，将很多外国商品吹进了中国的大门。为了拓展中国市场，他们首先选择了电视广告。中外广告同时登台，明显可以看出中国的广告视频处于初创阶段，1979 年 1 月 28 日，上海电视台播出的第一个中国广告《参桂补酒》，从制作效果上看，这则长 1 分 35 秒的广告类似于电视新闻片。当时中国的视频制作水准一方面受技术经验的制约，另一方面与当时的国民经济意识欠缺也密不可分。1979 年，中央电视台为了有效安排广告事宜，向有关部门请示，专门在中国电视服务公司下设立了一个营业科。后来又将营业科改名为广告科。当时的国人甚至是电视台里的相关工作人员对广告都不是很理解，而且受当时思维的制约，播出的广告不敢叫广告，只称"商品信息"。当时的客户并不多，每天只播出广告的时间总和在 3 分钟左右。1979 年 9 月 30 日，中央台播出的美国电器广告是第一条有偿广告。随后，日本西铁城公司在《新闻联播》前推出了报时广告。中央电视台自己制作播出的第一条广告是首都汽车出租公司的广告，不久又为河北冀县暖气片厂制作并播出了广告。中共中央宣传部于 1979 年 11 月正式批准新闻单位承办广告。初期的电视广告简单分为三种形式：第一种是介绍商品的，类似于现在的商品说明视频；第二种是介绍厂商的，类似于一个简短的企业宣传视频；第三种是外商提供的带广告性的节目，类似于纪录片，有一些情节。初创阶段的中国电视广告状态可以用"原始"来形容了，"此时的中国，政治上处于一个从'左'到'改革、开放'解放思想的过

---

① 《电视的记忆：我们的广告生活》，2009，六集电视专题系列片《电视的记忆》为中国电视五十周年而制作的特别节目。

程;经济上,由集中化向以'计划经济'为主、'市场经济'为辅的经济体系转轨,即经济、政治都处在一个转型期。"①在国民经济濒临崩溃的环境中,在全国电视台简陋的设备条件下,电视行业的运营完全依赖财政拨款。人们开始意识到电视行业的发展完全靠计划、靠拨款是难以维持的,必须另谋出路。

当时广告质量不高主要与以下三个方面相关:第一,广告概念落后。广告的表现形式单一,基本上是文字的视频化表达,即用视频把文字的告知内容表现出来,始终站在生产者立场上,表现自我。这与当时计划经济体制的单一性有关,经济体制决定了企业以生产为中心的模式,企业只介绍引以为傲的事,以商品功能为诉求重点。第二,画风千篇一律。广告视频的画面缺乏艺术性,取景上基本都是生产车间、企业大门、奖牌奖状等司空见惯的东西。旁白缺乏亮点,风格单一,口号式的广告词不绝于耳,诸如"值得信赖""誉满全球""实行三包""省优部优国优",等等。第三,专业知识缺乏。电视台缺乏专业的视频制作人员,当时的电视台没有专业的视频制作人员,只能从其他部门临时调人过来组成新的部门。大家对广告的专业认识薄弱,大量借用电视新闻的创作手法来制作电视广告。

二、"尝试探索"的经济过渡期

在对企业视频尝试探索的这个时期,最振奋人心的消息就是促进了中央对企业广告的重视。1987年7月,中央电视台成立广告部。同年,电视台策划了《榜上有名》和《名不虚传》等栏目并播出,并以"重信誉,创优质服务"的原则,为经济建设、市场贸易及消费者提供服务,这一原则至今仍然是电视广告传播的宗旨。

当我国经济处在由计划经济向商品经济转变的阶段时,人们对广告视频的制作思维也开始有了积极转变,广告视频的商业特性初露端倪。80年代初部分广告先驱者开始有意识计划性地去做广告,大陆广告人对广告的制作开始有了自己的见解,并逐渐在广告里进行思想意识方面的拓展。同时,国际广告理论也开始慢慢进入中国,内外的双重促进为中国电视广告业的发展创造了积极的生长环境。1984年,党的十二届三中全会作出《中共中央关于经济体制改革的决定》,在确立对外开放基本国策的基础上,第一次正式提出"社会主义商品经济"的概念。从此,我国步入了由计划经济向市场经济的过渡期。80年代,改革开放扩大了国内外市场的需求,市场格局的变化促使电视很快成为思维最先进、发展最快的传播媒体。在发展经济实现"四个现代化"的政策方针下,我国在电视广告传播方面进步明显:

第一,企业视频的传播功能得到重视。企业广告的投放得到了经济利润的增长后,原来"以产定销"的观念慢慢被"以销定产"的广告传播导向取代,企业的广告意识大大增强,开始主动推销产品,广告预算大幅度上升。各地广告需求量的上升也促进了电视台对广告的重视,对制作的投入。第二,企业视频的制作水准大幅提升。创意方面逐渐突破告知型的窠臼,开始呈现出感性诉求,突出人情味,强调商品个性、主题定位准确等

---

① 《影视广告与市场展望》,《中国市场》,2006年23期。

诸多优点。第三,企业视频的传播效果得到强化。市场化运作机制初步建立后,广告策划开始重视对产品、市场和目标对象的分析研究,逐渐从纯主观的创作倾向中摆脱出来。更多专业的广告公司开始为客户总体策划广告制作,大大增强了传播的效果。这一时期开创了电视公益广告的先河:贵州台在 1986 年播出了节约用水主题的公益广告,此举率先引起广泛影响。1987 年 10 月,中央电视台开办了《广而告之》栏目。公益广告可以树立良好的形象,为大家带来了一股温暖之风。

三、"创意萌芽"的市场经济期

九十年代以后,中共中央、国务院颁布了《关于加快发展第三产业的决定》,明确指出广播电视属于第三产业,文件还指出,"以产业为方向,建立充满活力的第三产业自我发展机制,现有大部分福利型、公益型和事业型第三产业要逐步向经营型转变。"广播电视产业属性的界定,为广播电视产业提供了政策的保障。经过一段时期发展和积累,我国的电视广告进入快速成长期,呈现出百花齐放的传播局面,主要表现在以下几个方面:

首先,确立市场化观念。"社会主义市场经济体制的确立,使现代营销观念被广泛接受,明确了广告传播对象,消费者成为市场主体,"用户就是上帝"深入人心,因此,站在消费者的立场上做广告、说消费者关心的事成为广告主的主要诉求。同时,电视广告成为电视产业经营的具体手段,以中央电视台为例,1996 年 6 月起实行"栏目带广告,广告养栏目"的运作机制,电视栏目和广告经营完全步入市场化。实行这个办法的栏目拿出 10% 的时间用于播放广告,广告收入的 50% 用作栏目经费。节目质量好,栏目广告就带得满,广告价格也可提高;广告收入多,节目制作经费也就多,就更能保证节目的资金投入和质量的提高,从而形成节目质量与经营创收共同提高的良性循环系统。市场观念的发展成为电视广告传播以及媒介产业化经营的有力支撑"①。

其次,形成专业化态势。社会主义市场经济体制的确立,也为各种社会企事业单位介入广告传播提供了依据。许多广告公司和戏剧影视等文艺界人士逐步开始了较为专业化的运作。同时拥有一流的人才与设备,更加专业的广告制作公司慢慢出现,使得我国电视广告制作水平开始与国际接轨。这些机构的出现,打破了过去电视台一统天下的局面,电视广告传播的竞争态势全面形成。

再次,提高思维创意与技术水准。"90 年后期,我国的电视广告以消费者的关注点为目标,更加注重感情诉求和人情味的追求,注意与时代和社会发展步伐相一致,努力追求卓越和创新,普遍摆脱模仿,全面提升格调与品位,通过沟通和智取等攻心方法,使电视广告获得了广泛的社会影响和较好的经济效益。同时,情感式、叙事式、名人证言式、动画式等说服效果好、制作精美的电视广告在电视屏幕上大放光彩,使得电视广告传播样式全面丰富"②。

---

① 李华龙,《新形势下中小广播电视台生存与发展的思考》,《广播电视信息》,2009 年 9 月.
② 张宁,《中国电视广告创意思考》,内蒙师范大学学位论文,2009 年 4 月 22 日.

第四，发掘电视广告的传播功能。随着观念和认识的深入，电视传播的功能被全面开掘，由此也形成了不同的广告传播形态。一般地，根据传播功能的不同，电视广告可以划分为电视商品广告、电视公益广告、电视节目广告和电视形象广告四类。"出现于80年代后期的电视公益广告在电视媒体经营日益商业化的今天，义不容辞地承担起电视的社会教化责任，许多主题系列的电视公益广告不仅制作精良，而且在推进物质文明、精神文明建设和政治文明建设方面发挥了不容忽视的重要作用"①。同时，市场化的推进将媒体自身的形象与电视节目的品质紧密关联起来。促使媒体必须严格把控电视节目广告以及其相关周边的质量，对电视节目的要求也越来越高。

图 0.3　20 世纪末广告风格

20世纪末，视频广告成为了最先进、有效的广告方式。"燕舞"录音机、"南方"黑芝麻糊、"步步高"vcd、"旭日升"冰茶等广告片在当时不仅是一则商业广告，更是行走在大街小巷的文化标签，不仅起到了广而告之的作用，更起到了塑造形象的效果。

---

① 陈婷闻《浅析电视公益广告的发展与表现手法》，《文艺生活·文海艺苑》，2014 年 5 月 25 日.

第三节　传播视频的特征

一、网络的起源

1968 年,美国国防部高级研究计划局组建了一个计算机网,名为 ARPANET(英文 Advanced Research Projects Agency Network 的缩写,又称"阿帕"网)。按央视的数据,新生的"阿帕"网获得了国会批准的 520 万美元的筹备金及两亿美元的项目总预算,是当年中国国家外汇储备的 3 倍。"时逢美苏冷战,美国国防部认为,如果仅有一个集中的军事指挥中心,万一被苏联摧毁,全国的军事指挥将处于瘫痪状态,所以需要设计一个分散的指挥系统。它由一个个分散的指挥点组成,当部分指挥点被摧毁后其他点仍能正常工作,而这些分散的点又能通过某种形式的通信网取得联系。1969 年,"阿帕"网第一期投入使用,有 4 个节点,分别是加利福尼亚大学洛杉矶分校、加利福尼亚大学圣巴巴拉分校、斯坦福大学以及位于盐湖城的犹它州州立大学。位于各个结点的大型计算机采用分组交换技术,通过专门的通信交换机(IMP)和专门的通信线路相互连接。一年后"阿帕"网扩大到 15 个节点"①。1973 年,"阿帕"网跨越大西洋利用卫星技术与英国、挪威实现连接,扩展到了世界范围。互联网就萌芽于此。所以在一定程度上,我们可以说,互联网起源于美苏冷战。

1975 年,"阿帕"网由美国国防部通信处接管。但是,全球出现了大量新的网络,如加拿大网络、计算机科学研究网络、因时网等。"1982 年中期"阿帕"网被停用过一段时间,直到 1983 年"阿帕"网被分成两部分,即用于军事和国防部门的军事网(MILNET)以及用于民间的"阿帕"网版本。用于民间的"阿帕"网改名为互联网。在同一年,"阿帕"网的 TCP/IP 协议在众多网络通信协议中最终胜出,成为我们至今共同遵循的网络传输控制协议"②。

TCP/IP(Transmission Control Protocol/Internet Protocol)即传输控制协议/因特网协议,又名网络通信协议,是 Internet 最基本的协议、Internet 国际互联网络的基础,由网络层的 IP 协议和传输层的 TCP 协议组成。TCP/IP 协议定义了电子设备如何连入因特网,以及数据如何在它们之间传输。从此,全球的通信设施用上了同一种语言。

1991 年 8 月 6 日,蒂姆·伯纳斯·李将万维网项目简介的文章贴上了 alt. hypertext 新闻组,通常我们认为这一天万维网公共服务在互联网上首次亮相。万维网是我们熟知的环球信息网(World Wide Web,WWW)的缩写,有时我们也称之为"Web"或"W3",中文名字为"万维网""环球网"等。WWW 可以让 Web 客户端访问浏览 Web 服务器上的页面。HTTP(Hypertext Transfer Protocol)超文本传送协议对

---

① 戴士剑等《从法律法规变迁谈〈网络安全法〉与电子数据》,《信息安全研究》,2017 年 8 月 22 日.
② 戴士剑等《从法律法规变迁谈〈网络安全法〉与电子数据》,《信息安全研究》,2017 年 8 月 22 日.

Web 客户端怎样向服务器请求文档进行了定义。HTTP 提供了访问超文本信息的功能，是 Web 浏览器和 Web 服务器之间的应用层通信协议。与 HTTP 一同构成计算机间交换信息所使用的语言的还包括 HTML（超文本标记语言），是为"网页创建和其他可在网页浏览器中看到的信息"设计的一种标记语言（来源于维基百科）。"超文本"是指页面内可以包含图片、链接，甚至音乐、程序等非文字元素。

　　1987 年 9 月 20 日 20 点 55 分，按照 TCP/IP 协议，中国兵器工业计算机应用研究所成功发送了中国第一封电子邮件，这封邮件以英德两种文字书写，内容是："Across the GreatWall we can reach every corner in the world."（越过长城，走向世界）标志着中国与国际计算机网络已经成功连接。在此后，中国用了近 7 年的时间真正接入互联网。这七年标志性的事件包括：1988 年，中国科学院高能物理研究所采用 X.25 协议。1989 年 11 月，中关村地区教育与科研示范网络（简称 NCFC）正式启动，由中国科学院主持，联合北京大学、清华大学共同实施。1990 年 11 月 28 日，中国注册了国际顶级域名 CN，在国际互联网上有了自己的唯一标识。最初，该域名服务器架设在卡尔斯鲁厄大学计算机中心，直到 1994 年才移交给中国互联网信息中心。1992 年 12 月，清华大学校园网（TUNET）建成并投入使用，是中国第一个采用 TCP/IP 体系结构的校园网。1993 年 3 月 2 日，中国科学院高能物理研究所接入美国斯坦福线性加速器中心（SLAC）的 64K 专线，正式开通中国连入 Internet 的第一根专线。1994 年 4 月 20 日，中国实现与互联网的全功能连接，成为接入国际互联网的第 77 个国家。

二、网络媒介的普及

　　第四媒体是一种新的传播媒介。即基于互联网传输平台，以电脑、电视机以及移动电话等为终端，以文字、声音、图像等形式传播新闻、信息的新传播媒介。1998 年 5 月联合国新闻委员会年会首次提出，指继报刊、广播和电视出现后的互联网和正在兴建的信息高速公路。有广义和狭义之分，广义指互联网，狭义指基于互联网传输平台传播新闻和信息的网站。同传统媒体相比，具有数字化和网络化两个本质特征。1998 年 5 月，联合国秘书长安南在联合国新闻委员会上提出，在加强传统的文字和声像传播手段的同时，应利用最先进的第四媒体——互联网（Internet）。自此，第四媒体的概念正式得到使用。其主要特征：首先，网上信息极其丰富，世界有多大，网络就有多大；世界有多少信息，网络就有多少信息。第二，网络表现形式丰富多样，随着技术的不断发展，网络具有的高速度、数字化、宽屏化、多媒体化和智能化将得到进一步发挥。第三，跨越时空界限，迅速及时，无国界。第四，在信息传播过程中可以自由交互，接受者可以即时与信息的传播者对话，共同完成传播活动。第五，网路提供个性化服务，也就是尼葛洛庞帝所说的"我的日报""我的电视"。将网络媒体称为"第四媒体"，是为了强调它同报纸、广播、电视等新闻媒介一样，是能够及时、广泛传递新闻信息的第四大新闻媒介。从广义上说，第四媒体通常就是指互联网，不过，互联网并非仅有传播信息的媒体功能，它还具有数字化、多媒体、实时性和交互性传递新闻信息的独特优势。因此，从狭义上说，第四媒体是指基于互联网这个传输平台来传播新闻和信息的网络。第四媒体可以分为两部分,一是传统媒体的数字化,如人民日报的电子版,二是由于网络提供的便利条件而诞生的"新型媒体",如新浪网、网易网、搜狐网。[①]

三、网络视频的兴起

19世纪末电影诞生之初,由于受到技术的限制,电影大多是不到一分钟的短片。一百多年后,网络视频也是率先以短片的形式出现在世人的面前。之所以如此,一是出于社会交往的需要,二是技术的局限。视频的制作者一般认为,他们的受众耐心有限,给他们看三分钟的喜剧片是不行的,必须缩短到90秒,他们才会有耐心看完。缓慢的网速使浏览网页显得冗长沉闷,没有广告能够抵消这么高的传输成本。于是当时有了网络视频的第一戒律:以短为上。但是,随着网速的提高,这个金科玉律早已被打破。网络已经成为一台巨大的自动点唱机,从婴儿视频到经典影院,你想象到的每一种类型的视频,都能在网上找到。电视剧、综艺节目都可以在网络视频上观看,打破了原有的固定时间,变得随心所欲。

经过长期发展,电视传播具备了相对合理的播出机制和充足的媒介资源。李思维在《网络视频的传播学解读和分众化探究》中提到:"作为新兴媒体的互联网,网络视频在其内容的建构上参照电视内容体系,逐渐形成了独特的特点。在网络视频的传播过程中,相当大程度上已经打破了传统意义上传者与受众之间的界限,使得双向、多点多媒体信息传播成为可能。网络用户不仅可以对网络视频评论、留言,还可以在特定的情况下上传或下载视频文件。尽管在这里传者与受众的力量对比仍旧悬殊,一定程度上仍是以网站为主导的信息传播,但在网络世界里,去中心化特点得到更充分的体现。换言之,在网络中,任何一个网络节点都能够生产、发布新的网络视频信息,所有生产、发布的视频都能够以非线性方式流入网络之中。网络的每一个用户都是视频信息的发布者,他们之间的"话语权"是均等的,每个人都可以是一个信息发布中心。在互联网的信息传播中,网络视频比重逐渐增大。在众多新闻网站中,最普遍的形式是图片加文字,近年来,随着电视与互联网的融合逐步深入,网络视频也更多的融入新闻网站当中。越来越多的新闻视频穿插文字或图片报道中,某些大网站还开辟专门的视频新闻板块为新闻事件增加现场感,在一定程度上视频新闻帮助了网民对新闻事件进行深度了解。网络视频在实际的传播过程中呈现着"碎片化"、同类视频自动推荐、视频利用率高、信息反馈及时等特点。所谓"碎片化",原意为完整的东西破成诸多零块。像凤凰网、新浪网等几个国内比较大的网站中,网站编辑把众多的新闻采访视频"切开",最常见的是短则几十秒长到几十分钟"碎片化"的新闻视频,增加其可视性。而决定这些视频在网站首页排序及网站推荐顺序的主要因素则是由网民对视频新闻的点击量决定的"。[②]

"网络视频技术的发展为广大受众提供了选择信息的多样性,也同时引发了我们对于网络环境下新的传播形式的思考。网络视频传播改变了传统媒体的单一性,改变了

---

① 摘自百度百科《第四媒体》,http://baike.baidu.com/view/1365052.html.
② 李思维《网络视频的传播学解读和分众化探究》,《现代远距离教育》,2013年4月15日.

受众被动接受信息的局面。在随意选择收看网络视频的同时，顺手写下评论、留言、建议来表达自己的观点。网络视频的点击率显示和热点视频排行榜会更加准确、直观地表明广大受众的喜好和收视趋势。通过这种对点击率、排行榜及其信息来源的分析，可以检验出受众群体对网络视频的需求特征和满意程度，为网络视频传播对受众接受心理及行为的效用分析提供有效参照，也同时对电视媒体、网络视频的舆论引导有一定启示的效用"。①

---

① 李思维《网络视频的传播学解读和分众化探究》,《现代远距离教育》,2013 年 4 月 15 日.

第一章 视频的需求

第一节 新媒体时代的需求

一、符合新媒体技术特点

当今，传媒技术的高速发展打破了原来信息传播的格局。根据达尔文"物竞天择、适者生存"的理论也很容易解释这一切。21世纪，第四、第五媒体构成了所谓的新媒体。新媒体"流量大""速度快""可移动性""时效性"等特点导致传统的新闻内容形式显得冗余拖沓，接收者对内容的要求也是更加全面，单调的文字、图片已无法满足大家的感官需求。同时，单调的形式也无法形象、具体地展现新闻内容。无论从内因还是外因看，都是时代选择了视频这种形式。新媒体的发展令视频应用在日常生活中无孔不入，4G时代的到来改变了人类的生活方式。在大众传播的过程中，编辑基本上遵循着"能用图片不用文字，能用视频不用图片"的原则。

以2018年俄罗斯足球世界杯来说，网络基本已经放弃了文字性的报道，我们很难在某个网站或是APP上看到关于世界杯信息的图文报道。因为我们太容易通过视频了解最新的咨询动态。早上起来，点开一个视频就知道昨晚的比赛情况，以前那种对比赛过程文字性的描述已经变成镜头的剪接和旁白的解说了。原来的一篇篇文字报道，变成了一个个链接窗口。优酷网对世界杯的转播、报道都是以视频为绝对中心的，有直播、回放以及相关片段（也就是专题性报道的视频），应有尽有。不仅是视频用途史无前例地发掘，也对传统图文报道形成了很大的冲击。

当然，足球比赛本身就是观看型的，并不能以其绝对的视频报道形势概括所有的新闻报道现状。就普遍情况来看，文字、图片、视频并不是绝对对立的，而是一种主辅变化的关系。例如早期的互联网企业会议新闻，我们看到的多是一篇全方位的文字报道最后配一张合影图片，用这张图片佐证新闻内容。后来变成了一段文字配一张图片，例如讲到重要的与会嘉宾时，每一位嘉宾下边配一张人像，而且因为图片的增加，加强了新闻的视觉效果。再到后来变成了一张图片配一篇文字，此时图片的重要性开始凸显，因为图像比文字更直观，同时也因摄影技术的普及以及互联网的传播特点决定。再到后

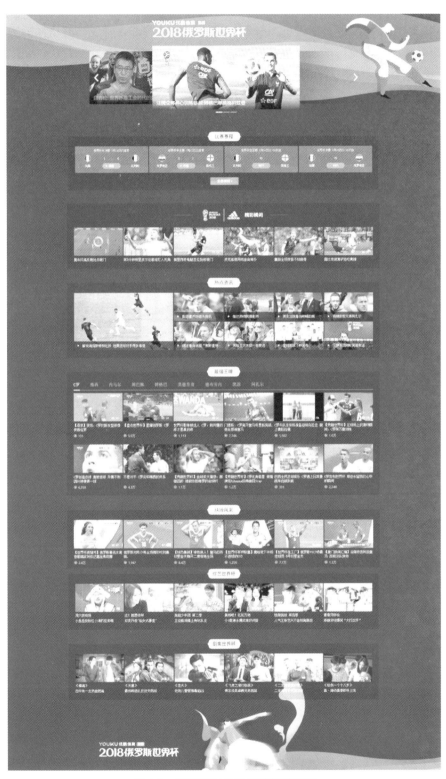

图 1.1　优酷网对世界杯的报道页面

来，一篇新闻基本都是图片，每张图片下只有一行字补充说明即可，图片基本可以表现所有内容。在这种情况下，所谓的"长图贴"应运而生。例如，《她生于海南岛的穷山沟，如今，却是特朗普最有可能的女继任者！》这篇推文，文中提到主角的所有事情基本都有图片记录，生存环境、竞选场面、参加活动、与人交谈等，图片连起来基本上就表达完整了文章内容，这时文字就是为图片做补充说明的。

图 1.2　无图贴中图文

随着内容的增加，图片的数量不断增多，有时，一个报道需要翻十几甚至是几十页才能看完。后来，随着网络技术的不断提高，流量价格的不断降低，拍摄设备与剪辑软件的不断普及为视频传播的方式提供了有利条件。编辑将大量的图片合并为一个视频文件，或者直接将一段新闻内容以视频的方式呈现，慢慢的视频传播成为了新闻传播的最普遍方式。

二、符合大众接受习惯

相较于传统媒体的传播形式，新媒体传播显得更加人性化，更加贴近人们的生活，更加符合人们的接受习惯。无论是图文报道还是视频信息，较传统媒体都有其超越之处，新媒体传播在大众体验方面具有以下几个突出特点。

（一）时效性

传统媒体对新闻的报道多是滞后的，首先要采集，然后是编辑、审核，等到新闻发出来的时候已经变成了旧闻。然而大家早已习惯于这种新闻报道的方式，直到网络新闻的出现，打破了原来这种新闻报道形式的格局。传统的的新闻报道整体上还是遵循着官方严谨的流程，毕竟对新闻的价值、导向、真实性做安全、正面的保障是新闻界应有的责任。那么，新媒体视频则在某些方面弥补了传统视频报道的不足。人人都可以成为视频新闻的提供者，不再完全依赖记者对新闻的采集，每个人都可以使用手机、平板等设备随时记录身边发生的事情。只要你身处"新闻现场"，纪录到生动有趣或是真挚感人的故事，就可以通过手机利用方便快捷的移动网络将整个过程传到网上，将所见所闻的大事小事新鲜事"公之于众"，使受众"先睹为快"，而整个过程成本极低，也不会耗时耗力。

2018 年 7 月 5 日，发生的日本暴雨事件也是最先由网友拍摄的视频引起广泛关注的，人们第一时间得知灾害的到来，开始做出应对方案。日本气象厅于 2018 年 7 月 6 日，17 时 10 分在长崎县、福冈县与佐贺县，19 点 40 分在广岛县、冈山县与鸟取县，22 点 50 分在京都府与兵库县合计 7 县 1 府发表了日本气象厅制定的最高级别大雨特别警报。2011 年 10 月震惊世界的卡扎菲被捕受虐事件便是由参与行动的士兵用手机拍摄上传网络的，在网上一经播出就蔓延至全世界，然后利比亚当局才对此视频进行证实，宣布卡扎菲当日的确在苏尔特身亡。此段视频也成了事后法庭上关于战争中是否履行《日内瓦公约》裁定的重要依据。毕竟职业记者不可能随时游走在世界的各个角落，不可能随时纪录各时各地发生的事情，也不可能将采集的新闻任意向大家展示，而日益壮大的网民队伍恰恰填补了职业记者的在这些地方的缺失，他们"值守"在任何地方，随时都可以拍到真实的资料，让大家及时了解最新的动态。

（二）便捷性

第四媒体带来了传播方式的变革，但是互联网电脑端的操作还是存在一些瓶颈的，比如带宽、网速、不可移动等问题让使用者只能固定在电脑前使用，人是要以电脑、网络为中心的，人的活动范围、时间受这些因素的限制，这与当下大家碎片化的时间特点是有些冲突的。而新媒体的出现改变了人与媒体之间的互动关系，新媒体下的移动网络端使人们不用再受限于电脑端前，人走到哪里，媒体就跟到哪里，十分便捷。新媒体环境下，互联网与移动网络相互补充，各大媒体、视频网站分设电脑端、手机端、PAD 端，等等。此时，视频新闻兴盛起来，除了标题，就是一段视频，连文字补充都不需要了，所有的文字都可以以旁白的形式直接录制在视频里。传统的新闻报道在图文并茂的同时，一般也不忘加上一段视频适应潮流节奏。几大主要社交平台，视频功能开发越来越完善，视频使用率越来越高。朋友圈里大家基本上以视频的状态发布新鲜事，可以随拍随发，也可以用快手、美拍等 APP 录制后直接进行简单的编辑包装，然后直接发布或者转发到朋友圈里。QQ 群、微信群里，三五分钟的视频只要压缩在 20M 以内就可以任意转发，传媒方式的转变为如此高信息量的视频传播提供了可能性。

淘宝的产品介绍也由原来的图片变成了几十秒的小视频。如何将原来的操作步骤、使用规则、安装说明、细节展示等图文方式变为视频也成了各个电商要面临的问题，同样这也给相关制作公司、相关技术人员提供了商机。还有像电梯、走廊里的广告牌也变成了视频终端，每天不同的广告视频循环播放，相比原来每隔一段时间换一批海报的形式，省时省力而且容量翻倍。

图 1.3　产品演示小视频

（三）可看性

正如我们可以用可读性的强弱来评判书报、杂志或文章内容的吸引力程度，以及它们具有的阅读和欣赏价值，同样我们可以用可看性来评价新媒体视频的吸引力程度。相对于传统的新闻、宣传、广告等模式，无疑新媒体视频的可看性是最高的。在技术上，由于新媒体改变了人与媒体之间的互动关系，移动网络端使人们不用再受限于电脑端前，人走到哪里，媒体就跟到哪里的便捷特点，为人们更合理地利用碎片化花时间提供了合适的选择。在内容上，新媒体下的视频节目的可看性则为人们认可、信赖新媒体的现象起到了决定性的作用。

传统纸质媒体的衰落不是偶然，也不是短时间内的现象，从纸质媒体到新媒体这是一个不可逆的过程。人们对新闻的获取自然带有真实、及时的诉求，在这方面新媒体的优势是无法撼动的。相对于耳朵听到的、文字呈现的，人们更愿意相信眼睛看到的——视频。新媒体在新闻的报道形式上选择性更多，首先是新闻在移动端标题呈现方式有多种选择：文字型、文字加图片型、文字加动图型。其次是新闻的内容形式选择性也有多种：文字中心型、视频中心型和图片中心型。文章可以根据内容的特点选择以何种方式为主要呈现形式。标题以及内容的诸多形式组合可以大大提高新闻的可看性。第三，新媒体新闻的互动性提高了新闻的可看性，使新闻的影响力变大，并有助于读者对新闻的认识加深。新媒体新闻下的评论功能是传统媒体不具有的，读者可以参考网友对视频、新闻的看法，对照自己在某个问题上的认识。另外新媒体新闻的每篇报道下都有相关链接，这为读者获取相关信息提供了便利，并且读者可以根据推送的相关链接自行甄选，提高了用户的粘性。

新媒体下的媒体报道具有更高的可看性，新媒体下的网络节目、短视频以及民间自制上传到网站平台的视频全方位地丰富了网络视频的内容，也具有更高可看性。网络视频更易于在线观看、下载以及在社交平台转发。网络视频将原本两个小时的节目截成几十秒到几分钟或者十几分钟若干个子视频，人们可以根据自己的喜好点击自己感兴趣的片段。以2018年的《中国新说唱》节目为例，这档真人音乐竞技类节目中汇集了来自世界各地的说唱歌手，他们中有偶像人气型选手、实力创作型选手、早年成名型选手、当红国际型等各种选手。每场比赛结束后，制作方都会将节目按照不同选手、不同话题、不同环节将节目制作成若干个片段。每个观众都有自己喜欢和支持的风格，因此在观看这个节目的时候，很多观众就会点开自己喜欢的选手视频观看，或者根据自己感兴趣的话题点击观看。这样每个视频都做到了精准对接，对于观众来说每次点击都很具有可看性。

图1.4　将节目做成若干片段

第二节　直观的宣传作用

一、与外界沟通

新媒体视频的宣传作用不容小觑，尤其在企业运营中，新媒体视频的宣传作用尤为突出。在传统媒体衰落的大环境下，新媒体宣传异军突起，新视频宣传是新媒体时代的主要手段之一。凡是数字化覆盖到的地方就有屏幕，凡是有屏幕上的地方就可以播放视频。正是这些大大小小的视频构成了企业与外界接触的"窗口"。新媒体视频自身具备的传播特质是帮助企业宣传的前提。同时，企业对视频的多样化需求也为新媒体视频进入企业领域提供了充分条件。

在新媒体的时代语境下，企业视频的应用已悄无声息的渗透到了企业运营的每一寸土地。从一线操作的讲解视频到部门会议的汇报视频，从专家研讨的项目视频到文化建设的活动视频，从企业形象的宣传视频到产品上线的广告视频，视频全方位参与已成了企业日常运行的常态。企业与外界的接触需要一个更生动的"形象"，这个"形象"最好的表现方式就是视频了。

首先，企业要主动出击。当下市场竞争激烈，仅仅开门做生意是不够的，生意不会不请自来。"酒香不怕巷子深"的年代早已远去,市场经济的时代语境下,利润是首要的目标,如何营销自己成了企业不可忽视的课题。同类商家的竞争,跨界商家的竞争令很多企业的处境跌宕起伏,稍有不慎则万劫不复。因此,企业要包装自己,展示自己,将自己的优点主动呈现出来。宣传片、广告等形式的优点在于:视频的方式是主动传递给受众的。而文字是被动的传播符号。视频的声音、画面会主动进入观众的视野与听觉范围,而文字就必须很被动地等待发现。企业的宣传片,可以向对方展示企业的规模、资质以及成功案例。"它能非常有效地把企业形象提升到一个新的层次,更好地把企业的产品和服务展示给大众,诠释企业的文化理念,更好地展示企业产品和服务,所以宣传片已经成为企业必不可少的企业形象宣传工具之一"[1]。企业视频被广泛运用于商家各种活动:展会宣传、操作说明、形象塑造、楼盘招商、产品推广、学校招生、景点推广、特约加盟、房产销售、品牌提升、上市宣传,等等。项目说明的视频可以向对方详细描述项目的细节、可行性以及盈利点。可以详细说明产品的功能、用途、使用方法以及特点等,这些视频可以同时发给很多单位,不需要挨家挨户上门诉说。

汽车加油站	公共汽车	商场步行街
地铁出入口	商业建筑	餐厅
超市	户外	公寓

图 1.5　随处可见的视频"窗口"

其次,业务范围的扩大。"网络新闻传播从根本上突破了地域的限制,兼容了大众传播与人际传播的特征,特别是社交网络和微视频网站的迅速兴起,极大地增强了信息交换与传递的主动性和互动性,传者与受众的角色可任意互换,其交互性已经超越了观看、浏览、使用等层次,达到了控制的层次。网众可以自由地选择和发布信息,甚至可以量身预订自己需要的信息,有效加大了信息的交叉传播。而"群居"在网上各类社区、自

---

① 赵燕华:《出版机构视频宣传片的传播变化》,《中国传媒科技》,2017 年第 8 期,第 48 到 49 页.

由论坛、俱乐部等虚拟空间的网民,通过分享平台,结成很多相对牢固的人际互动网络圈,形成覆盖广阔的社群传播渠道。一个成员发布的新闻信息,可以裂变方式瞬间扩散到全体"社员"。"①

中国市场经济体制确立的初期与现在的市场格局大不相同。当时的企业业务范围基本上都在当地。马路上会有载着喇叭宣传产品的小卡车,空中发放广告纸条的热气球,路边醒目的横幅等小区域性的广告形式。那时,每个城镇都有自己的品牌,逢年过节,餐桌上的酒水饮料大不相同。如今,先不说垄断型的企业将触角伸到全国各地,就连小型企业都因为信息的发达、出行的便利将业务拓展到不同的省市,因此现在的企业更需要一个通向外界的"窗口",做形象宣传。随着经济体制市场的进一步发展,很多品牌意识到,如何在众多同类产片中突出重围才是关键,否则就会沉没在日益饱和的市场当中。如何树立自己的品牌形象成了企业进一步发展的新课题。借助于网络的传播功能,许多企业以形象宣传片开拓业务,形象宣传片能够传达品牌形象、企业文化、服务理念、专业实力、项目成果等综合信息。

二、品牌形象的效果

企业对社会的贡献力量不容小觑。一般提到企业,大家想到的都是盈亏问题,对企业的认识和评价多是从表面、中立的角度谈到产品和作用,很少人会想到企业的精神与价值等深层话题。其实,企业想要在社会占有一席之地必须要在社会中树立良好的形象,同时,良好的形象又来自于企业的核心价值——产品和服务。在《企业形象策划》②一书中,详细地谈到了"树立良好的企业形象""树立企业形象的原则""企业形象表达的手段"等与企业品牌形象密切相关的话题,那么本节将围绕《企业形象与策划》中提到的"内在精神""外观形象""树立企业形象的原则"等话题与影视制作实践经验相结合,阐述在影视制作过程中如何树立品牌形象。做企业宣传片或者广告的时候尽量在形象和精神之间做到均衡,不要厚此薄彼,更不要孤注一掷。要树立形象就要用多种宣传方式向大家展示自己,通过不断的宣传与扩散使大家对自己加深印象。树立企业形象的任务主要体现内在精神和外观形象这两个方面,同时,还要注意树立企业形象的原则。

(一)体现内在精神

内在精神指的是企业的精神风貌和气质。当然,每个企业的侧重点、年龄构成、部门架构、涉及范围都是不尽相同的。但是,关于内在精神的本质是有共同点的,内在精神是企业文化的一种综合表现,它是构成企业形象的脊柱和骨架。无论企业与企业之间存在多少差异,企业内在精神的本质是共通的,它由以下三方面构成:

1. 开拓创新精神

每个企业都应具备开拓创新的精神。在宣传片或者广告中,不能因为对产品、架构

① 宣琦:《网络微视频新闻的传播特征》,《军事记者》,长征出版社,2012 年 8 月,第 46 到 47 页.
② 李森.:《企业形象策划》,清华大学出版社,2009 年 9 月.

等的宣传而忽略了对精神的体现。例如在拍某企业的纪录片时,影片要体现出企业在为适应市场经济需求的过程中,是如何寻求新出路的。随着时代变迁、环境变化,企业需要不断地自我审视、完善,对公共关系活动的内容以及形式进行必要的补充、完善和创新。在这个过程中,企业的公共关系人员及执行者的探索精神和灵感等都是促成企业创新求变,达到适应经市场需求的关键因素。

2. 积极的社会观和价值观

意识形态的东西如何用镜头语言表现是一个难题,思想性的东西不能单独用来表现,比如直接用演员说出来的做法是最低级的,最好用相关的行动、事物反映出来,也就是要有一个载体。"企业应具有自己的社会哲学观,不仅要在营销活动中树立一个良好的公民形象,同时还要关心社会问题,关心社会的公益事业,使企业在自身发展的同时也造福于民众和社会。"①例如某社交软件拍摄的一个微电影,就是聚焦于一批异乡者的另类、孤独与无法融入新环境的问题,通过这款社交软件,大家相识相知、交流互助,取长补短。个人感受到了社会这个大家庭的温暖,远离曾经的孤寂,朝着未来共同奋战。这就体现了企业积极的社会观和价值观。企业是社会大家庭中的一员,社会秩序的保障、社会的良性发展需要社会大家庭中的每一份子做出贡献,这要求企业在获得商业利润的同时,必须承担相应的责任与义务。

3. 诚实、公正的态度

企业经营时应做到公平买卖,遵纪守法。在企业宣传片中,这是必不可少的部分,一味的展示和憧憬会让观众感觉到压迫感和虚幻色彩,在企业宣传片的最后部分,将企业的这种优秀态度展示给观众,会让观众产生稳定、踏实的感觉,会给客户带来良好的印象。诚实守信是经营公司的底线,良好的经营作风才能给公司树立正面的形象。

(二)塑造外观形象

"企业形象的树立主要是靠其内在精神素质的显现,同时也得力于公共关系的精心设计。从影视制作、宣传角度来看,这要求相关人员必须找到一些便于传播、便于记忆的象征性标记,使人们容易在众多的事物中辨认,以此来加深外部公众对企业的印象"②。要宣传一个企业,不可漫无目的在企业中选景取材,要做好规划,哪些是必须要采集的,哪些是选择性采集的,必须要采集到的视频列为首要采集对象,列在采集计划前列。做宣传片或者纪录片、广告,以下几点都是塑造企业外观形象的主要信息:

1. 企业名称

企业名称和企业品牌可以是相同的也可以不同,这要看企业旗下的品牌有多少。"有人认为这是树立企业形象的第一步。在商业中有这么一句老话叫"卖招牌",因为招牌的好坏对于消费者的心理有一定的影响,它甚至会影响企业的经营效果"③。所有宣

---

① 蔡卫东,《如何打造成功的企业形象》,《现代企业》,2014 年 2 月 28 日.
② 刘懿,《顾客忠诚的驱动与障碍因素研究——以 C 公司为例》,《对外经济贸易大学》学位论文,2014 年 3 月 1 日.
③ 孔静,《企业文化在商业展示空间中的设计研究》,《广西师范大学》学位论文,2017 年 4 月 1 日.

传视频的目的就是让人记住你的企业,而企业名称首当其冲。

2. 企业产品

企业产品是企业立足的核心力量,产品的好坏是大众对企业最直观的印象。如果不对企业产品进行包装与宣传,那么就本末倒置了。在企业产品的宣传上,最常见的形式是产品广告。

3. 企业的标志

它是现代设计的一部分,包括商标和组织的徽标。由于它具有容易识别、记忆、欣赏和制作的特点,因而在保证信誉,树立形象,加强交流方面起着举足轻重的作用[①]。其一般会出现在选宣传片的头尾,或者在视频过程中进行特写展示。如果是动画视频,可以围绕标志进行动画演变的设计,加强对观众的视觉冲击,加深观众对标志的印象。

4. 代表色

心理学提到过,颜色起着重要的感知作用。在采集素材的时候,由于镜头可全可局部的特点,不能忽略了代表色的采集。在采集代表色时要特别注意,尤其是使用特写镜头的时候,被摄主体的背景尽量为代表色。例如在会客厅,墙面是代表色,但窗帘不是代表色,那么拍摄人物的时候可以寻找背景为墙面的角度。又例如,某工人的工作服是代表色,但帽子不是代表色,那么不要只对其进行面部特写,可以取中近景,让上衣的代表色出现在画面里头。

5. 环境设施

在拍摄纪录片的过程中,可以根据内容需要进行直接取材。比如,为凸显工人的辛苦,可以客观地记录艰苦的工作环境和忙碌的工作状态。但是在宣传片中,则必须将每一个画面精雕细刻,包括选景、摆拍、演员、化妆、灯光,样样都得讲究。优美舒适的工作环境会让员工和客户身心愉悦,潜移默化地影响企业效益。

(三)树立企业形象的原则

外观形象与内在精神的表现是我们制作视频时不可忽略的部分,但是外在形象与内在精神绝不是仅仅靠拍摄建立起来的。企业做推广前,在营销自己前必须已经具备了积极的内在精神与健康的外在形象,我们的视频制作目的是发掘、展现企业的这种态度与价值,而不是无中生有。

任何企业在公众中建立信誉,保持良好的形象,并不是一件容易的事,因而必须注意遵循以下几条原则。

1. 整体性原则

要求经营者对企业具有全局性观念。对于一个组织来说,建立信誉和树立形象是一项全方位的工作,它不只是靠某一个部门去独立完成。因此,企业的公共关系部门要从全局出发,制订统一的公共关系政策来协调企业的公共关系活动,使之统一化、整体

---

① 刘懿,《顾客忠诚的驱动与障碍因素研究——以 C 公司为例》,《对外经济贸易大学》学位论文,2014 年 3 月 1 日.

化和科学化,使企业各个部门的公关工作能相互促进、相辅相成,协调一致"①。否则会出现相互重复,甚至自相矛盾的不良后果。

2. 长期性原则

建立信誉、树立形象是一项持久性的战略目标。它不是一朝一夕之事,要靠平时一点一滴的积累,是企业全体员工长期坚持的成果。这是一种"聚生"的过程,这样的形象才有比较坚实的基础,否则一夜之间塑造的形象,很可能在一夜之间倒塌。另一方面,随着社会的不断进步,公众的需求会在许多方面发生相应的变化,因此企业要不断适应变化着的公众对企业评价标准的改变,不断改进和更新自己,使得本企业的形象总是处于适应社会潮流的比较高的层次上。从这一点上看,树立形象更是一项长期的任务②,它要求公关人员不断努力,不可懈怠。

3. 竞争性原则

企业形象的树立是良性竞争的必备条件。要树立良好的企业形象必须建立在良性循环的基础之上,不能使用非正规手段。一旦落入弄虚作假、打击报复的恶性循环,企业必将走向灭亡。妥善的经营、优质的服务、得力的宣传方法、真诚的社会交往和良好的职业道德,都是增强竞争力,提升组织形象的重要途径③。企业必须做到知己知彼,肯定对手的长处,弥补自己的不足,才能建立真正的良性循环,在竞争中立于不败之地。

第三节　辅助销售与运营

一、广告策划与消费心理

广告是伴随着商品的售卖诞生的,自广告诞生以来,就与商品形成了密不可分的关系。随着商品形式与供需关系的不断演变,广告形式也变得多种多样、不断升级。随着广告业的发展,广告商能够更准确地把握需求人群的心理,广告产生效益的效率也越来越高。

美国哲学家弗兰克·梯利曾经说过:"人能比较观念,注意它们的关系并对这种关系进行推论。由此而得到论证的知识,人还能观察感觉的秩序,通过习俗或习惯认为一种对象同另一对象有关系,并称之为原因和结果。"并且,梯利进一步解释道:"关于因果关系的知识建立在观察和经验上。我们观察到对象之前后相连,相同的东西经常连结在一起,火焰生热,寒冷降雪,有芽就有果。在许多事例中发现两种对象往往在一起,我们推论这种对象有因果关系,其中一个是另一个的原因! 这引导我们看到其中一个出现,就期待另一个出现,心灵由习惯或习俗所推动而相信那两种东西有联系,将永远结合在一起。火和热、重量和坚定性等两种东西经常连结以后,我们就受习惯的决定,从

---

① 蔡婧,《试论我国企业的形象管理建设》,《时代报告(下半月)》,2011 年 9 月 28 日.
② 蔡婧,《试论我国企业的形象管理建设》,《时代报告(下半月)》,2011 年 9 月 28 日.
③ 曹向红,《试论公共关系如何为实施名牌战略服务》,《江西科技师范学院学报》,2004 年 12 月 24 日.

一种东西的出现而期待另一种东西。换言之,经验到对象的经常连结,于是相信它们有联系。"作为广告策划这项整个广告活动的重要一环来讲,运用"一个是一个的原因。看到其中一个出现,就期待另一个出现",这是人们认识事物的哲学规律来做为广告策划的指导,那整个策划活动就必将显得逻辑严密,更有针对性,能有的放矢地把自己所要宣传的产品顺利打入预定目标市场,达到预期销售目的,并让消费者从心底喜爱你的产品。[①]

二、新媒体视频广告

借助新媒体独特的传播优势,视频广告兴起于广告市场。视频广告属于广告的范畴之内,那么视频广告自然也带有广告的特征,并且与传统广告相比拥有独特的优势。随着市场机制的多元化发展,国内大大小小的企业竞争越来越激烈,很多企业看准了视频营销这个新生武器。在这个信息剧增的时代里,众多的营销手段的包围中,视频营销的突围让人眼前一亮。

(一)新媒体视频的作用

1. 新媒体视频广告可以利用大数据的准确定位,以最快的速度将信息准确地传达给消费者,消费者也能够高效的获取自己所需的商品信息,在商业活动中节约了时间,也就相当于创造了财富。

2. 新媒体视频形式多种多样,业务宣传片可以通过简短的视频介绍优化业务员的工作,直接将视频传给客户,或者辅助业务员推广市场,以达到快速营销的效果。

3. 新媒体视频可以用宣传片、纪录片、资料片等形式作为公司的档案长期保存。公司的宣传片会涉及经营理念、部门构架、发展状况、未来规划,等等,为新老员工以及想了解公司的观众提供了全面清晰的影音资料。

4. 新媒体视频的制作风格可以走扁平化、极简主义的路线,能够对新产品的特点进行简单明了的宣传。新产品往往会有新功效,但其复杂的技术指标和所有更新的功能、设计并不适合和盘托出。这时直观的视频宣传就能发挥其优势,将产品需要突出的部分特别介绍。

5. 相对于其他的投资宣传方式,新媒体视频广告的成本低、风险低,而且覆盖面广,形式多样,在低投资中能够达到较高的市场宣传效果。

(二)新媒体视频的特点

1. 平台多,覆盖面广。企业可以将视频上传到爱奇艺、优酷、腾讯等各大视频平台。

2. 见效快。新媒体视频可以转发到各个社交平台,一传十、十传百,形成多米诺骨牌效应。

---

① 闫艳:《广告策划在市场营销中的有效应用》,《市场研究》,2013年第1期,第39页.

3. 成本低。与传统媒体巨额的广告费用相比,新媒体视频的制作和新媒体平台的投放成本相对低很多。

4. 持久性强。新媒体视频可以在视频网站上永久展示,一直发挥着宣传作用。当你的宣传视频成功上传到各大网站平台后,就会有大量的相关需求者搜索、观看,其传播速度大于任何一种营销方式。

5. 自动同步移动端。视频上传到视频网站后,移动端——手机、ipad 等会自动更新,企业的宣传视频自动传送到所有视频平台的用户手上。用户可以通过移动终端进行观看,这种方式既产生了流量的使用,也迎合移动互联网的大趋势。

三、内部运行的"助手"

随着企业内部运转对专业、效率要求的提高,企业架构呈现出细化、层次化的特点。企业各部门在横向与纵向的工作开展中产生了很多彼此联系的机会,这些沟通机会势必会花掉相关人员的很多时间,因此需要合理的统筹安排工作,节约时间,保证效率。企业内部交流视频的普及便可以帮助企业更高效地运行。视频登上历史舞台不到 100 年,相对于文字、图片、广播等形式,在这短短的 100 年间,视频已是第三传媒的绝对输出方式,第四、第五传媒的主要输出方式。

随着科技的进步,视频技术走下神坛,开始变得大众化,简单的视频摄制已被大众所掌握。传统摄像机、家用 DV 的操作越来越简单、明了,单反相机、手机的视频拍摄功能也越来越专业、方便。再加上视频本身直观明确的表现特点,使得视频被大量运用在企业日常事务当中。视频具有的可传播性、可复制性、可更改性使其拥有了广泛的使用空间。例如,员工的培训,不用一批批的员工进入一定规模的场地一次次地培训,直接录制好培训视频发布在网站上,等员工自行访问即可,除必要的集中之外,都可以网络沟通。另外,项目讲解的模式也不再是设计师带着电脑到每个办公室给不同的领导讲解 PPT,只需要将 PPT 输出成视频格式,然后对应播放进行讲解,再把视频和音频合并即可做成讲解视频。每位领导发一份视频,分别反馈意见即可。

图 1.6　windows 系统中常用的 Premiere 剪辑软件

图 1.7　MAC 系统中常用的 Final Cut Pro 剪辑软件

视频的可修改性使视频可以反复使用,修改有问题的部分,调整需要改进的部分,或者加入新的部分都可以在剪辑软件上实现。剪辑软件的种类也对应了不同人群。专业级的、入门级的剪辑软件应有尽有,甚至手机自带的剪辑软件就能完成比较完整的视频制作。当然,这些简单的视频拍摄与制作也需要一些专业水准,但拥有这样技术的人员才是企业集约化发展战略的需求,而且市场对此类技术、人员的需求量也日益增加。

第二章 视频的策划

第一节 策划的流程

一、制作注意事项

视频的制作对于学生阶段制作者或者说是初级制作者而言,最大问题就是容易忽略整体流程。初学者尤其是对前期的策划没有概念,对视频的认识大多是从拍摄开始的,认为视频是直接拍出来的。当初学者拿到一个主题,容易立马就开始想怎么拍摄,依靠脑子里对这个主题形成的认识、构成的计划直接上手拍摄,这是初学者最大的问题。实际上,任何专业的视频都是要有完成的制作流程的,必须按照完整的流程、合理的步骤、科学的方案才能拍出专业的视频。

微视频并没有一个百分之百明确的定义,但是微视频的特点是相对明确的。微视频是在影视剧艺术基础上衍生出来的小型影片,适应新媒体的传播特点,适用于新媒体的传播平台。通常情况下,微视频主要通过掌上设备、笔记本电脑等新媒体平台传播,便于在碎片化时间观看,有着完整的策划和制作体系,最终的成品是具备完整故事情节的"微时间""微周期"和"微投资"的视频短片。值得注意的是,"微"是相对的,并不是绝对的。以投资为例,并不是所有的微电影的都比 90 分钟的电影投资要少,而是相对于自身而言,一个故事拍成微电影比拍成 90 分钟的电影投资要少。"微"的概念体现在自身对比上,适合纵向比较,不适合横向比较。例如,国内首部微电影《一触即发》虽然完整版长度仅有 90 秒,但却是耗资 1 亿拍摄的,这比很多院线电影的投资都要高。那么微制作也是这个道理,并不是让制作方偷工减料,也不是降低难度,而是如何化繁为简,如何制作出精致的作品来。

这一节我们重点来讲完整流程里的前期策划,包括选题、立意、构思、剧本、脚本等元素,这一部分告诉我们的学生应注重前期的比例与投入,不可操之过急。在项目实施与后期制作环节将不会展开讨论,只让学生注意与理解。

二、完整流程展示

下面,我们以 2018 年江苏省"他们——我身边的资助"微电影创作大赛一等奖作品《我要上场》为例,分析一下视频策划的完整流程:

(一)创作主题

主题为"他们——我身边的资助",主要展现全校各学院学生资助政策效果,以及在资助育人实践活动中涌现出的优秀教师代表和助学成才典型事迹。微电影创作主体为学校师生,故事情节应取材于学校资助工作中的人和事。

(二)活动实施方案

1. 拍摄周期设定

视频的拍摄将分为前、中、后三个阶段进行,前期以确定选题和剧本创作为主;中期主要是拍摄阶段,拍摄地点和角色的选拔将在前期阶段进行;后期以剪辑和特效包装制作为主。

制作周期:15 天(其中包括前期准备、中期拍摄、后期制作)

播放渠道:优酷视频、土豆视频、腾讯视频等

2. 拍摄主题设定

(1)双主角与叙事

我认为勤工俭学是一个深刻而又广泛的话题,他兼具了深度与宽度。

因此,在主角的设定上应该有其广泛的代表性,又不乏个体的深刻性。然而将两者统一在一个人物身上未尝不可,但是作为微电影,叙事长度有限。单主角设定的话,要不断地与不同的对手发生故事才能将前边提到的代表性与个体性表现完整,并且这样基本上是线性叙事的安排。

在短短的五分钟内制造可信度很高的煽情事件是很难的,难免会有刻意的痕迹,但是利用结构技巧充分使用时间,充分体现勤工俭学者的故事,是可以通过双主角设定和多线叙事这样的结构技巧实现的。例如电影《七月与安生》,导演就将他想表现的思想在两位主角身上交替更迭慢慢呈现出来。

(2)话题与题材

赛场上的"失败——闹矛盾——重新团结"恰恰是贫困生心路历程"窘迫——被资助——继续前行"的现实反映。

我认为对于故事主体作为学生的影片应当尽量校园化与正能量化。不要放大其悲伤的情绪,也不能过多地表现对这个群体同情或是怜悯,应当以最正常的目光去看这个事情,这不仅是影片应该做到的,也是现实中我们应该做到的,所以我选择了以篮球赛这个话题切入。

题材方面,我选择了现实主义题材。原因之一是本人最近一直在读南京艺术学院沈义贞教授的《现实主义电影美学研究》一书,深受启发。另外,那就是作为受众主体为

学生的影片,又牵扯这样的话题,本人感觉用实验性的表现形式会增加勤工俭学这个主体的心理压力。

(3) 由主题设定故事

我们根据主题设定,选取了两个人物原型:

周一的原型并不是一个人,他代表文新院广播电视编导专业的一批勤工俭学的孩子。在文新院的设备间有一批勤工俭学的孩子,他们利用课余时间帮助院里做一些力所能及的事情。并且在这个过程中不断提高自己的水平,经历了大一、大二对器材、对工作流程的熟悉,一般到了大三左右开始接触校外摄制组的工作。

此外,为这些勤工俭学的孩子提供管理学院设备,跟校内外摄制组学习、锻炼的机会也是为培养实践型人才添砖加瓦的良好举措。

陆涛的原型也不是一位男生,她是来自商学院财务管理专业的一名大二女生。该生 5 岁时,父亲去世,随后母亲改嫁,从小与爷爷、奶奶一起生活。2013 年,一直供养该生的爷爷因癌症去世。现在,学生和奶奶两人相依为命,主要生活来源为政府、学校的各项资助。该生先后获得 2016—2017 学年校一等奖学金、国家励志奖学金、三江励志奖学金、国家助学金,及生源地建档立卡 5 200 元学费减免。在课余时间和假期,该生通过兼职或勤工俭学减轻家庭负担,担任过售楼处话务员、手机店收银员、图书馆整理员、食堂服务员等。

(4) 编写剧本

① 故事梗概

赛场上的"失败——闹矛盾——重新团结"恰恰是贫困生心路历程"窘迫——被资助——继续前行"的现实反映。

贫困生周一酷爱篮球,却因鞋子不合脚产生的失误输掉比赛。队友陆涛因输球愤怒,责怪他没有准备好篮球鞋坑了队友。周一因为父母不能帮他买高级篮球鞋,而选择勤工俭学。原本只是想赚钱买鞋子的他发现陆涛竟是勤工俭学三年的学长,并在勤工俭学的过程中学会了团结、感恩,认识到了自己的价值。最终与陆涛冰释前嫌,合力打比赛,同时也放弃了买鞋的念头,并将打工赚来的钱给了妈妈换新的手机。

② 剧本

【场景一】体育馆,日,内

两队在篮球场上激烈对抗,比分焦灼上升。

眼看时间还有最后 10 秒钟,此时周一的队伍以 69∶71 两分之差落后。

这是陆涛一记妙传,周一在无人盯防的地方接球。

周一运球上篮,时间在全场倒数中消失殆尽"10、9、8、7、6"

所有焦点看向周一,周一却因为滑倒摔在地上,时间耗尽,球划出底线,输给了对方。对方欢呼雀跃。

陆涛跑过来指责周一,几个队友想拉住陆涛。

周一坐在鞋子边,摇头,远处被拉走的陆涛依然喊着"就不该让他上场……还不如啦啦队打的好……还不如女篮……"

队友帮忙解释:"他滑倒了……"周一:"我能上场!"

【一屏两画】【多线叙事开端】

【场景二】校园的路,日,外

周一、陆涛相继走出体育馆,一个向左、一个向右。

周一垂头丧气地往回走,陆涛愤愤不平地往前走。两人耳朵里不断传来刚才吵闹的声音。

陆涛:"连双篮球鞋都没有!"

队友:"过分了、过分了!"

陆涛:"我这鞋子2 000,2 000! 他凭什么不做好准备!"

周一自言自语:"有钱有什么了不起! 我能上场!"

陆涛自言自语:"真是坑队友!"

【场景三】卫生间,夜,内

周一:妈、刚刚打你电话怎么不接啊?

妈妈:宝贝,手机有点毛病。

周一:你那个手机早该换了,呃……打2 000块给我……我想买双篮球鞋

妈妈:之前不才买的吗?

周一:那不一样,我想买双好点的篮球鞋。

妈妈:等你期末吧,你考试考好了给你。

周一:呃……

妈妈:就这样咯,我有事了

周一:喂,喂……妈……

周一叹了口气,推开厕所的门。

【场景四】宿舍走廊,日,内

推开宿舍门周一,走了出来。

【相似性转场】

【场景五】演播厅,日,内

周一走还没进演播厅,就传出演播厅老师的声音:"欢迎你们加入勤工俭学的队伍。工作不难,但是很累,你们身强力壮的,没问题吧?"

周一赶紧往里跑,演播厅老师继续说:"正巧有个剧组一直在录节目,是你们很好的锻炼机会。"杨舒涵跟在老师身后。

新人们一阵议论:"没经验啊""不会啊""刚来就让我们上?"

演播厅老师继续说:"放心放心,咱们勤工俭学者薪火相传,明天有学长带着你们,今天我先带你们了解一下情况,来,这边走。"

【场景六】宿舍,夜,内

陆涛和奶奶的照片放在一个放满奖状的桌子上,陆涛在电脑上写着状态:"就这样吧,最关键的一场比赛输了,也许青春本该就有遗憾,但是输得太滑稽。哦,对,还有明天,希望一切顺利,希望以后不要碰到这样的猪队友!"

【场景七】演播厅,日,内

周一气喘吁吁拎器材走进演播厅,恰巧看到外来的工作人员黄建将吃剩下的食物随处乱扔。

周一跑过去拍了拍黄建的背:"请你把它收拾了,好吗?"

黄建推开了周一说:"关你什么事?"

周一心中不满,准备发怒。被一只手拉住,拽出了演播厅。

杨舒涵也跟了出来。

【场景八】演播厅外,日,外

绿油油的爬山虎前,周一看着陆涛:"你? 这里是贫困资助项目!"

陆涛:"你? 倒霉!"

杨舒涵对周一说:"他是我们负责人啊,拿过国家励志奖学金、三江励志奖学金,我们的传奇人物!"

周一:"你贫困吗?"

杨舒涵:"他可比你惨多了,还要照顾奶奶。"

【场景九】演播厅,日,内

好、卡,收工! 大家开始收拾东西。

陆涛:"我给奶奶的生活费,她全省下来了,给我买了双鞋。"

周一和陆涛边收拾边聊天:"看你这么自信还以为是富二代呢!"(两人都在卷连接线线圈)

陆涛:"富二代? 小时候我爸就去世了,都是锻炼出来的。"

周一打断:"那你妈不容易。"

陆涛打断:"改嫁了。"

周一打断:"对不起。"

陆涛:"这有什么,都过去了卷好,线圈放下。"

周一:"中科实习,奖学金上万,这么努力,向你学习!"

陆涛:"你也很拼啊,周一。"

周一:"周一嘛,不是周末。"(两人笑了起来)

周一:"上次那个球,对不起。"

陆涛:"算了,下个月最后一场,还有希望(说完抱着箱子走了,又回头指着周一的鞋子)这次不能掉链子了。"

周一笑笑。

【场景十】办公室,日,内

管理老师笑眯眯地对周一说:"孩子,你真的很能吃苦。这是你的工资 1 600！快数数！"

周一拿过钱数着。

老师叹了口气:"我弟弟要是像你这么懂事就好了。现在大学生啊,只知道花钱。"

周一自言自语:"还差 400"

管理老师:"少了?"

周一:"不不不,谢谢,谢谢！"

【场景十、十一交叉剪辑到一起,快慢镜头交叉】

【场景十】校园小路,日,外

周一拿起电话拨了一个号码,无人接听。于是又打了一个电话:"喂,爸。妈的手机怎么打不通啊。"

妈妈:"你妈妈手机坏了。之前听说你要买鞋,需要的话,我打钱给你。"

周一有些意外,也有些难过:"不用了,我赚了一笔小钱,我打给你,去给妈妈买一个手机吧。这可是我送给妈妈的第一个礼物。"

【场景十一】宿舍,日,内

周一在洗澡,洗好澡,穿上新球鞋,出门。

【场景十二】篮球场,日,外

开场前,周一与陆涛击拳撞肩,脚上都穿着高级篮球鞋。

陆涛开玩笑的说:"就借你穿这一场啊。"

周一:"他会发挥最大价值。"

一声哨响,比赛开始,周一投篮进框。

【内心独白】

人生就像球赛,不管输赢,都要拼搏。

［配比赛慢镜头］

贫困资助,就像拉我起来的那双手,让我可以继续进攻。

［比赛中摔倒,被拉起］

这不是简单的施舍,更是挑战、让我们学会团结,

学会感恩,认识自己的价值,变得更有尊严。

［分别配演播厅工作画面,陆涛拉周一画面,给爸爸打钱画面、篮球场鼓掌画面］

感谢！是你给了我们继续前行的动力！

［投篮］

让我,继续站在赛场！

［投篮进框画面］

（5）形成分镜头脚本

【场景一】体育馆，日，内　　　　　　　　　　　　　　　　　　　　**TIME：60 s**

镜号	人物	声音	画面内容	景	镜头运动	道具	时间
1		观众欢呼声	体育馆建筑	全	航拍		3
2		鞋子摩擦地板的声音 篮球击打的声音	记分牌 67：70	特		记分牌	2
3			队员打篮球，拉拉队呼喊，观众呐喊	远	航拍		
4			红队、蓝队在激烈地打比赛	远	滑轨		4
5		观众呐喊声	陆涛右手变向接背后运球接胯下运球 接转身上篮得分对方发球	全	跟	红队蓝队球服拉拉队彩条篮球	10
6			记分牌 69：70				1
7			对方发球、开始进攻	全	过观众肩拍		3
8	拉拉队观众队员周一陆涛裁判	拉拉队的呼喊	陆涛弯腰准备防守、侧后方是周一、都在流汗	中	虚实转换		3
9			对方传球被陆涛断下	全			2
10			计时器还剩最后 10 s	特			1
11			对方开始退防	全			1
12			剩 9 s	特			1
13			两名队员来防守陆涛，陆涛将球传给周一	全			1
14			计时器 8 s	特			1
15		7	无人防守的周一运球上篮	中			1
16			记分牌 69：70	特			1
17			计时器 6 s	特			1
18		5	周一运球	中			1
19			计时器 4 s	特			1
20		3	周一运球滑倒	中			1
21		2	球滚远	中			1
22		1	周一鞋子掉了	特		哨子帽子	2
23		哨子声	裁判吹哨子结束手势	近			2
24			对方球队欢呼雀跃	全			2
25		陆：靠！	陆涛跑过去指责周一，队友想拉住陆涛	中	跟镜头		2
26		陆：就不该让他上场。	一边是陆涛被队友拉住，一边周一失落地坐着	全	低位滑、侧面半场		4

（续表）

镜号	人物	声音	画面内容	景	镜头运动	道具	时间
27		还不如女篮	周一坐在地上，鞋子在旁边	中	微晃		1
28		还不如拉拉队打得好	周一动动脸	近	跟		1
29		队友：他滑倒了	队友打圆场，帮忙解释	中			2
30		陆涛：他不能上场了	周一激动				1
31		周一：我能上场！	周一激动地说	近			2

【场景二】校园路、日、外　　　　　　　　　　　　　　　一屏两画　左右穿插　TIME：22 s

镜号	人物	声音	画面内容	景	镜头运动	道具	时间
32			周一、陆涛走出体育馆，分向左右	全	从门口两侧开始走		4
33		陆：连双篮球鞋都没有，我这鞋子 2 000。	周一边走边想	近	全景变成左边周一		4
34		队友：过分了、过分了！	左：擦擦汗 & 右：拉架	近	右边回忆		2
35	周一 陆涛 队友	陆：我这鞋子 2 000、2 000！	陆涛边走边想	近	右边变成陆涛		4
36		他凭什么不做好准备！	右：摇摇头 & 左：破鞋前景，他们后	中	左边变成回忆		2
37		周一：有钱有什么了不起！我能上场！	周一自言自语	中	左边变成周一		2
38		陆涛：真是坑队友！	陆涛自言自语	特	右边依然陆涛		2
39		周一打电话"喂喂"	左右开屏，周一进入				2

【场景三】卫生间，夜，内　　　　　　　　　　　　　　　长镜头　一镜到底　TIME：25 s

镜号	人物	声音	画面内容	景	镜头运动	道具	时间
40		周一：妈，刚刚打你电话怎么不接啊？	在卫生间小心翼翼地	近	蹲步		4
41		妈妈：宝贝，手机有点毛病。	生间门口贴着勤工俭学的通知	特	镜头拉到卫生间门口		3
42	周一 妈妈声音	你那个、呃……打 2 000 块给我呗，妈咪……	卫生间内外的虚实转换	特	通知从虚到实	手机 肥皂 肥皂盒	5
43		周一：我想买双篮球鞋	一只手拿走通知文件	特			3
44		周一：喂喂，你给不给啊？喂喂？	舍友拿走文件和另一位说话	近	跟镜头		3
45		舍友：听说有位学长一共拿到了两万块	周一从厕所出来	近	镜头转向周一		3
46		关门声	周一关上厕所门	特			2
47		关门声	周一关宿舍门，"翌日"	中			2

【场景四】演播厅，日，　　　　　　　　　　　　　　　　　　　　　**TIME：29 s**

镜号	人物	台词	画面	景别	运镜	时长
48			文新院	全		3
49	周一	老师:欢迎你们加入勤工俭学的队伍	周一在演播厅门口走着，	中	跟镜头到出现人群	8
50		老师:工作不难、但是很累，你们身强力壮的，没问题吧？	听见声音后，周一赶紧往里跑。	中	进门后周一停住，机子继续走变主观镜头	
51	老师 舒涵 学生 群演	演播厅老师继续说:正巧有个剧组一直在录节目，明天，就是你们很好的锻炼机会。	老师站在台上说话，下边十几个学生	全 全	主观镜头慢慢前移过	6
52			老师继续说话		微微摇	
53		其他同学:"没经验啊""不会啊""刚来就让我们上?"	杨舒涵及学生坐在下面议论纷纷	近	老师肩拍	4
54		放心放心，咱们勤工俭学者薪火相传，明天有学长带着你们，今天我先带你们了解一下情况，来，这边走。	演播厅往下看	全	俯拍	2
55			周一与杨舒涵对视表示放心了 / 老师发言结束，带着学生参观	中	过肩拍＋跟	6

【场景五】宿舍，夜，内　　　　　　　　　　　　　　　　　　　　　**TIME：21 s**

镜号	人物	台词	画面	景别	运镜	道具	时长
56		打字的声音	陆涛和奶奶的照片摆在桌子上	近	移到奖状证书再到键盘		5
57	陆涛	就这样吧，最关键的一场比赛输了	奖状证书再到键盘	近		奖杯 奶奶 照片 电脑	3
58		也许青春本该就有遗憾，但是输得太滑稽	吹吹热气，喝水	特	电脑视角		3
59		哦，对，还有明天，希望一切顺利	陆涛眼睛盯着电脑，镜片反射出电脑	特写			5
60		希望以后不要碰到这样的猪队友！	电脑画面如上文字"猪队友"	特			3
61		回车声音					2

【场景六】演播厅，日，内　　　　　　　　　　　　　　　　　　　　　**TIME：30 s**

镜号	人物	声音	画面	景别	运镜	道具	时长
62	导演 剧组 群演 杨 周 黄建	嘈杂声	展示剧组在录节目。拍摄灯光、器材、三脚架。导演现场指挥。	全	摇镜头		4
63			摄像大哥边吃包子边调试设备				3
64			地上脏乱不堪、杨舒涵在打扫卫生	中	周一入画	扫帚	5
65			周一气喘吁吁拎器材走进演播厅	中		器材	3
66			摄像将包子袋子一起扔到地上	全	虚实转到周一	包子	1
67			包子特写				2
68			周一扭头看了一下包子、生气	特			2

（续表）

69		周一:请你把它收拾了好吗?	周一放下道具,走向摄像。	中	跟—主观	2
70			手拍到摄像肩膀,摄像回头。	近	主观—近	3
71		黄建:关你什么事?	黄建指着周一,脸上很不屑。	近		2
72			杨舒涵跑过来。	近	后景过来	3
73			周一打开摄像的手,同时一只手将他拉出画面、摄像朝着周一离开的方向看。	中		

【场景七】演播厅外,日,外　　　　　　　　　　　　　　　　　**TIME:14 s**

74		干嘛	绿油油的爬山虎	空	从上摇下	2
75		周一:你? 来我们资助项目干嘛?	陆涛把周一拉入画面,杨舒涵也跟过来,周一看着陆涛	中		2
76		陆涛:你? 倒霉!	陆涛懊悔的表情	近	过肩拍	1
77	周一 陆涛 杨舒涵	杨舒涵:他是我们负责人啊,拿过国家励志奖学金。	杨舒涵对周一说	近	过肩拍	5
78		三江励志奖学金,我们的传奇学长!	周一来回看着两个人	中	过二人肩拍	
79		周一:你贫困吗?	周一质问陆涛	近		1
80		杨:他可比你惨多了,还要照顾奶奶。	杨舒涵说话,陆涛示意停止	近	过肩拍二人	3

【场景八】演播厅,日,内　　　　　　　　　　　　　　　　　**TIME:33 s**

81		导演:卡,收工。	监视器里,舞台上舞者动作结束	特	舞台到监视器	5
82		周:看你这么自信还以为是富二代呢。 陆:富二代?	周一和陆涛在收拾现场,背景大家散场	中	镜头往下移动落幅时两人的手	2
83		陆:小时候我爸就去世了,都是锻炼出来的。	两人都在卷着线圈,周一停下			2
84	导演 周一 陆涛 群演	周一打断:那你妈不容易。		特	正反打,越来越全,落幅为中景正面两人都在内	2
85		陆涛打断:改嫁了。		近		1
86		周一打断:对不起。	两人同时卷好,线圈放进箱子一起搬走	中		1
87		陆涛:这有什么,都过去了。		中中	跟镜头	3
88		周一:中科实习,奖学金上万,这么努力,向你学习!	两人伴着箱子往楼梯上走,停下	近	倒退跟镜头	4
89		陆涛:你也很拼啊,周一。	陆涛停一下	近		2
90		周一:周一嘛,不是周末。	两个人相视一笑	近		4

(续表)

91	周一:上次,真是对不起了。	两人边走边说,走进监控室	中	跟一下停住		2
92	陆:算了,下个月最后一场,还有希望。	门内他们继续忙碌	近	人是虚的		2
93	陆:这次不能掉链子了。		中			1
94	周:我那鞋子不行。	屋内传出和谐吵闹声				1
95	陆:打不好怪鞋子。					1

【场景九】办公室,日,内　　　　　　　　　　　　　　　　　　**TIME:18 s**

96	老师:孩子,就数你能干。	行政楼	空			4
97	这是你的工资1 600!快数数!	老师递了1 600给周一手上	特		RMB	2
98	老师叹气:我弟弟要是像你这么懂事就好了。现在大学生啊,只知道花钱。	周一数钱	近	过肩拍		2
99		老师苦口婆心	近	过肩拍		3
100	周一:15、16、还差400。	慢慢数钱完毕	近			3
101	老师:少了?	老师惊讶的表情	近	过肩拍		2
102	不不不,谢谢,谢谢!	周一晃过神来,立马否认	特	过肩拍		2

（第96至99行第一列为"周一 老师"跨行）

【场景十】校园小路,日,外 &【场景十一】宿舍,日,内　　　　　　　**TIME:24 s**

103	洗澡的声音	水从蓬头喷出	近	慢		2
104	周一:爸。妈的手机怎么打不通啊,我还差400。	周一打电话	中		手机	3
105	洗澡的声音	周一上半身全是泡沫,手在头上	近			2
106	爸爸:哦,你妈妈手机坏了。我给你打1 000吧,买双好点的球鞋。	周一打电话	近			3
107		周一甩头,水花四溅	近			2
108	爸爸:马上发了工资就给你打过去。	周一打电话,表情难过	近			2
109		周一穿球衣,仰头	近			2
110	周一:不用打钱给我了,你快看看微信。	手机转账操作	特			2
111	爸爸:你怎么把1 600打给我了?	周一穿上新球鞋	特			2
112	周一:去给妈妈买一个手机吧。这可是我送给妈妈的第一个礼物。	走在楼道	近			4
113	加油欢呼声	一脚踏向镜头	近			

（第104至112行第一列为"周一"跨行）

【场景十二】篮球场、日、外　　　　　　　　　　　　　　　　　　　　**TIME：18 s**

镜号	人物	声音	画面内容	景	镜头运动	道具	时间/s
114	队员啦啦队群演周一陆涛裁判	加油欢呼声	一脚踏出镜头，走在篮球场上	特		计分表哨子	3
115			两队准备开场，周一走进阵营	全	航拍		2
116			周一与陆涛击拳撞肩	中	正反打		4
117		陆涛：就借你穿这一场啊	陆涛凑近周一说话	近			2
118		周一：他会发挥最大价值的	周一说完，两人归为	近	航拍		2
119			裁判站在0:0的计分表旁吹哨哨声	中			1
120			周一投篮	中	侧面全景		2
121			进篮框	特			2
122			啦啦队，大家欢呼鼓掌				

【内心独白】　　　　　　　　　　　　　　　　　　　　　　　　　　　　**TIME：28 s**

镜号	人物	声音	画面内容	景	镜头运动	时间/s
123	拉拉队观众队员周一陆涛裁判	人生就像球赛，不管输赢，都要拼搏。	配比赛慢镜头			4
124		贫困资助，就像拉我起来的那双手，让我可以继续进攻	比赛中摔倒，被拉起			4
125—135		这不是简单的施舍，更是挑战、让我们学会团结，学会感恩，认识自己的价值，变得更有尊严	分别配演播厅工作画面，陆涛拉周一画面，给爸爸打钱画面、篮球场鼓掌画面			10
136		感谢！是你给了我们继续前行的动力！	一人从后场向前带球	近	跟镜头	5
137		让我，继续站在赛场！	到三分线跳起	中	距离变远	1
138			在三分线跳起	远	侧面滑	1
139			球出手，大家抢位	远	底线角度	1
140			球员盯着空中的球	近		1
141			球进框	中	底线角度	1

以上仍然是一个粗略的脚本，而且是分镜头脚本，具体项目细节实施时，还要形成拍摄脚本。形成拍摄脚本后，根据每天的拍摄内容再形成更加详尽的拍摄计划。这个拍摄计划中，会更加详细地对镜头、台词、道具、场景等内容做出要求，以保证拍摄过程中的效率和质量。

（三）项目细节实施

剧本形成之后，导演、摄像、制片、道具、场记、服装等各司其职，分头或分组准备自己的事项。剧本中提到的场地、演员、道具都要考察、筛选。每个人都有自己的分工计划和进度表,在这里就不一一列举了。拍摄过程中,严格按照拍摄脚本的计划拍摄,现场拍摄遇到的问题一般由导演做出临场决定,场地等问题一般由制片解决。

(四)后期制作

1. 拍摄素材整理、筛选。拍摄的镜头按照场序进行排列。每个镜头选取最成功一条作为剪辑素材,可单独汇总在一个新的文件夹。选取可用做场景过度的空景,为之后的影片剪辑做准备。

2. 首先进行粗剪,剪辑师按照剧本场序将每场的镜头排列好,选取适合的配乐,按照音乐的节奏、情感、时长等指标对视频进行进一步剪辑。选取转场连接点,控制镜头切换节奏、影片情绪等,将高潮放在最结尾之前。

3. 调色、特效以及制作影片的片头片尾,对整部影片的色调进行调整,使画面更加丰富好看,并且符合影片的基调。

第二节　视频的形式区分与功能交叉

关于各种视频的类型一直没有明确的界定,尤其是现在每个视频都会融入很多元素,功能上兼容并包,形式上有时也难以区分。因此,在制作任何一种类型的视频时,要牢牢把握这种视频类型的内核,才能达到这种视频最该有的效果。至于这个视频融入了什么元素,兼具了什么功能,都是没有关系的,甚至可以说是锦上添花的。

一、宣传片和纪录片

很多人对视频类型的区分缺乏科学的认识,由于抓不住本质的差别常常将它们混为一谈,在创作过程中张冠李戴的大有人在,不加区分的认为凡是纪实作品都是纪录片的人,更是多不胜数。错误的观点,会把人领入实际操作的迷途中。其实,宣传片和纪录片有共同之处,也有着根本性的区别。

关于宣传片和纪录片,它们都是以展示客观现实为基础,传达理念精神为核心的。然而要明白其本质的区别还是要回归到话题当中来,那就是关于宣传片和纪录片异同的话题,首先从名字中我们可以看到前者重在宣传,是一种主观表达的方式,而后者重在纪录,是一种客观体现的方式。因此,宣传片多用在企业宣传当中,有时它的作用相当于广告,即使是公益宣传片,也带有强烈的推广目的。"宣传片在反映客观事实时往往有较强的主导意识,往往通过解说词直接表达创作者对所反映客观事物的认识和主张"[①]而纪录片则重在通过客观事实的展示,来体现主体的经历、以达到传达主体精神的目的。例如,一个企业的创业史可以展示其不为人知的辛酸过程,也可以展示其天马行空的突围构思。一个地方的纪录片可以展现其民俗文化,也可以展现其改革历程

① 杨棪,《〈金城兰州〉:城市形象宣传的重构》,《中国电视》,2016年9月28日.

等。纪录片的出现多伴随着交流与诉说的情感特征,对于观众了解纪录片主体的文化、内涵、情感、精神起着重要的作用。纪录片更注重史料的运用,更注重话题的厚度与文化的深度。

在当今的宣传片制作中,往往也会适量的加入历史的介绍,但多是点到即止,因为宣传片架构是严格的,不会在某一个非核心段落里过多的渲染,关于宣传片的详细介绍将会在第四章中展现。

二、纪录片和新闻片

纪录片和新闻片是最不容易被大家混淆的两种类型,但笔者认为不容易混淆的原因并不是大家对其本质的精准把握,而是两者在现实中的播放特点造成的。就其本质而言,两者的相同之处在于都以社会事实为表现对象,由电视画面语言要素构成的。二者的画面语言风格都具备了真实、自然等特点。一般情况下,两者都会伴随着解说词叙事,以解说词梳理整体的脉络,强调或者补充说明电视画面难以表达的东西,从而有画面的感染力引向情感的共鸣,最后达到思想的穿透力。纪录片和新闻片的不同之处在于:

(一)时效性

新闻片时效性比较高,纪录片的时效性比较低。新闻所报道的都是新近发生的事情。而纪录片历时可以比较长,甚至几年完成,播放时可以连载,不需要一次性放完。

(二)时长

新闻要求篇幅较短、简明扼要、突出重点,最好开门见山。语言方面也比较精炼。相比之下,纪录片形式多样,语言风格多变,纪录片的时长也没有限制。

(三)选题

新闻的选题范围很广,小到街边井巷,大到国际局势,只要是新近发生的,能引起观众感兴趣的,具有报道价值的事情皆可。而纪录片的选题具有局限性。一个故事能不能深挖,值不值得深挖,一个题材有没有深度,有没有现实意义都是要考虑的:人物环境是否典型、故事是否有冲突、过程是否适用于电视语言、事件发展趋势是否可预测把握等都要经过深思熟虑。

(四)内容

新闻篇幅简短,一条新闻不会扩展诸多板块。描述清楚事件的起因、经过、结果即可。而情节和细节却是构成纪录片的重要因素。纪录片的故事性较强,细节的处理要求也很高。

（五）叙事方式

新闻大多以第三人称的方式讲述,使观众从客观、冷静的了解事件。但纪录片的叙事方式可以是第一人称,也可以是第二人称、第三人称,并没有局限。

三、宣传片和广告

宣传片和广告是功能上最相近的两种类型。宣传片和广告都是以介绍、推广、扩散诉求点为目的的。前者注重企业整体形象的塑造,后者专注具体产品的推广。

宣传片对企业而言相当于一则广告,这则"广告"的内容不是企业的某个具体产品,它的广告内容就是整个企业。而广告传播的同时也对企业进行了宣传,通过广告的扩散,产品的热度上升,企业的知名度也随之增加。因此,宣传片和广告的功能是十分相近的。功能虽然相似,但形式的区分还是很明显的。

（一）时长

宣传片的时长一般控制在 5 到 8 分钟左右,可以根据客户的需求适当增减时间,但时长最好不要跳出 3 到 10 分钟之间。宣传片表现内容多、且有层次的特点决定了视频时间较长。广告片一般按秒来算:5 秒、10 秒、15 秒、30 秒,最长也不超过 60 秒。其展现形式更注重创意的使用,内容含量较少。

（二）内容

企业宣传片内容丰富,形式多样,可以包括企业的理念、团队、制度、历史、品牌、产品功效等等。宣传片的题材可以是公益主题宣传片、历史主题宣传片、文化主题宣传片等等。内容的选取、节奏的快慢、板块的架构全凭主创团队的喜好。由于时长的限制,广告需要有很强的概括性,形式简洁明了、言简意赅、短小精悍,整个广告的高潮也在那几句朗朗上口的广告词里面。广告一般只表现一个点,或展现一个独特优势,或塑造一个概念,以精而短为佳,不能贪大求全,以免尾大不掉。

（三）价格差别

视频广告的投放渠道多为传统媒体,价格动辄百万上亿,而宣传片多为新媒体网络传播,且是自发性的传播居多,几乎没有什么成本。即便是新媒体中的视频广告也具有单独的广告窗口,广告位的价格也是不菲的,同宣传片的传播成本相比还是昂贵很多。

（四）宣传方式

通常情况下,视频广告的宣传方式上是反复地播出,要使观众对其内容产生强烈的记忆;而宣传片则是树立形象或是产品介绍等等,所以在其用途方面也是有很大区别的。

四、宣传片和微电影

微电影具有影视艺术的特点,无论是制作技术、镜头语言还是思想深度都可以达到电影的级别。微电影的整个制作流程也是遵循着影视艺术创作的原则,前期策划,中期拍摄、后期制作样样不能少,导、编、演、制、摄等人人不能缺。微电影在情节设置方面要符合起码的编剧理论、展现编剧技巧;在思想表现方面要有层次、有深度,造成观众的反思与感悟,不能只是平铺直叙,直抒胸臆。微电影相比较宣传片而言更有深度。

企业微电影的核心是创意。企业文化与影视艺术相结合是最大的特点,它改变了原有的营销模式,在提高品牌知名度、美誉度方面更有效,相对于广告而言,投入成本更低。企业微电影的使命是表现企业,当受众在观看有企业微电影节目时,除了感受到电影的趣味性、娱乐性和独特的审美感受外,还自觉不自觉地了解了企业的一切[1]。在宣传片中提到的单调数据、平面人物形象、流水故事在微电影创作中都赋予了立体的生命。微电影从广告性质中脱离出来,巧妙地绕开了人们对于广告的反感。

(一)题材

企业宣传片和企业微电影都是为企业宣传制作的,企业宣传片归属专题类,具体可以分为企业文化宣传片、企业历史宣传片、企业产品宣传片、企业活动宣传片等。而微电影属于故事片类。

(二)表现形式

宣传片属于是正面阐述型的,微电影是侧面烘托。数据、人事、架构在宣传片中都必须是直观的体现,越清晰越好。

(三)信息量

企业宣传片展现的是大量关于企业、产品的信息,而微电影一般只能抓企业文化或者重点想表达的产品侧面去表现。

(四)深度

企业微电影是艺术作品,创作手法和思想深度都比企业宣传片要复杂很多。例如消防员的相关故事,做成微电影的效果一定比宣传片更感人,更有社会意义。

第三节 创意思维运用

当客户或者领导给你一个视频制作主题的时候,不要急着思考如何直接表现这个

---

[1] 《企业微电影》,百度百科,http://baike.baidu.com/view/6027262.

主题,这样你的思考面容易变得狭窄。首先你要想到与这个主题关联的方方面面,横向、纵向、从内向外或者由表及里的表现这个主题都是可以的,寻找到最佳的模式,能利用最好的方法,你的视频摄制起来将事半功倍。

在视频的策划过程中,一定要多思考,要运用创意思维,不要被对方给出的问题所限定。由于对方并非专业编导人员,因此他们对问题的描述,对内涵的表达都不一定是到位的,或者并不是最佳的。所以,在拿到对方给出的问题时,应该首先重新审视这个问题,看看对方是否有考虑不完善或者方向性错误。

一、发散思维

发散思维是指在思考问题时,大脑进行的辐射性思维突破,它表现为思维方式不断向外拓散。心理学家认为发散性思维是产生创新性思维模式的重要基础,它又可以叫做放射性思维或发散性思维。如"一题多解""一事多写""一物多用"等方式,培养发散思维能力。不少心理学家认为,发散思维是创造性思维的最主要的特点,是测定创造力的主要标志之一。

思维是大脑对客观事物的发生所产生的应对模式和方法,以个人不同的思维方式去揭示事物的发展本质,同时产生的创造性的成果又可以称为创新性思维。创新性思维的产生能够给个人乃至社会产生进步性的发展,是衡量个人智商水平的标志以及社会发展进步的标志,它们是多种思维的集合。创意思维一般经历准备期,酝酿期,豁朗期和验证期四个阶段[1]。

(一)立体思维

思考问题时要跳出思维死角,立体式进行思维。
立体绿化:屋顶花园增加绿化面积、减少占地改善环境、净化空气。
立体农业:间作,如玉米地种绿豆、高粱地里种花生等。
立体森林:高大乔木下种灌木,灌木下种草,草下种食用菌。
立体渔业:网箱养鱼充分利用水面、水体。
立体开发资源:煤、石头、开发产品。

(二)逆向思维

背逆通常的思考方法。从相反方向思考问题的方法,也叫做反向思维。[2] 客观世界事物互相联系,甲能产生乙,乙也能产生甲。例如:化学能产生电能,因此,在1800年,意大利科学家伏特发明了伏打电池。同时,电能通过电解也能产生化学能。在1807年,英国化学家戴维发现了钾、钠、钙、镁、锶、钡、硼等七种元素。

说话声音的高低能引起金属片相应的振动。相反,金属片的振动也可以引起声音

---

① 彭聃龄:《普通心理学》,北京师范大学出版社,2004年,第249到280页.
② 杨文圣、李振云:《试析发散思维是创新思维的核心》,衡水学院学报,2003年5月第4期,P64-66.

高低的变化。爱迪生利用了这一点,发明了世界上第一台留声机。

（三）侧向思维

侧向思维是指两个往往有距离的事物,但仍能从中获得启示,从而解决问题的思维方式。例如:19世纪末,法国园艺学家莫尼哀从植物的盘根错节想到水泥加固。当人们深入思考问题时,大脑形成了优势灶。当大脑受到外界其他事物启发,十分容易产生新的反应,从而解决问题。

（四）横向思维

这个概念起初是由德博诺提出的。他针对纵向思维的缺陷提出与之互补的对立的思维方法。纵向思维是一种按逻辑推理的方法,从上到下的收敛性思维。当纵向思维受挫时,我们可以从横向出发,寻找问题答案。正如,时间是一维的,空间是多维的。横向思维与纵向思维则代表了一维与多维的互补。[①]

（五）多路思维

当面对难题时,不能只从单一角度出发看待问题,而是要从多维面、立体式进行思考。学会面使用逆向、横向、侧向等特殊思维形式对问题进行思考。

（六）组合思维

从某一点出发,发散联想新事物,联系构建新的价值。

二、创新思维

创新与创新思维。创新这一词并不陌生,经常出现在生活中。"创新 Innovation"这个词起源于拉丁语。它具有三层含义,第一层更新。第二层,创造新的东西。第三层,改变。"创新"理论诞生于20世纪,在1912年,由美国哈佛大学熊彼特教授提出,他将创新概念引入了经济领域。

创新思维的本质在于将创新意识的感性愿望提升到理性的探索上,实现创新活动由感性认识到理性思考的飞跃[②]。

（一）什么是创新

1. 创新的定义

从本有的思维模式出发,利用现有的知识和物质,提出与他人不同的思路,满足社会需求,理想化改造或创造新事物、方法、元素、路径、环境,获得一定正面效果的行为。

产品创新是指生产一种新的产品,必须要采取一种新的生产方式。工艺的创新,要

① 《发散思维形式举例》搜狐网,http://dxmt.blog.sohu.com/147921228.html,2010年4月8日.
② 姚本先:《大学生心理健康教育》,北京师范大学出版集团,安徽大学出版社,2012年,第272页.

开辟市场;市场开拓的创新,要采用新的生产要素;要素创新,要制定新的管理制度。美国著名的经济管理大师德鲁克,在20世纪50年代,他将创新理念引进管理领域,即有了"管理创新"的概念。他认为:"创新就是赋予资源以新的创造财富能力的行为。"现在"创新"两个字扩展到了社会的方方面面,比如理论创新、制度创新、经营创新、技术创新、教育创新、分配创新等。

对于创新会有多角度的理解,说别人没说过的话,做别人没做过的事,想别人没想的东西都叫创新。创新渗透到我们生活的方方面面,它改善了我们生活质量,提高了我们的工作效率,巩固了我们的竞争地位,对我们社会、经济、技术产生了根本影响。但是创新不一定完全是新的东西,旧的东西以新的形式展现,也叫创新。比如:旧的东西以新的切入点,总量不变改变结构,结构不变改变总量。

2. 创新案例[①]

有一个公司,它通过很多方法提高劳动生产率。发现这四个车间,劳动生产率采取很多方法,提高提高提高。提高到一个临界点,再提高非常难。思考怎么提高劳动生产率时,有人给他出了这个主意,分析这四个车间的员工的构成。发现第一个车间都是男孩,加了几个女孩进去,效率提高。我们经常有人说男女搭配,工作不累。第二个车间都是一些青年人,加了几个中老年进去,老成持重。加进去效率提高。第三个车间都是中老年人,加了几个年轻人进去,有新鲜活力,效率提高。那么第四个车间呢?老的少的,有男的女的,都有,怎么提高效率?他们分析发现,这个车间都是本地人,都是本地人,加几个外地人进去,都拼命地干,效率提高。还是这么多人,就把结构变换一下,这就是创新。所以同学们,创新到处有,创新就在我们身边。

(二)什么是思维

1. 思维的定义

思维是指理性的各种认识活动。创新思维具有独创性、求异性、联想性、灵活性、综合性。独创性和求异性是创新思维突出特性。面对同一个问题,不同的人有不同的思维方式。

2. 思维案例[②]

我们举一个案例,两个推销人员到一个岛屿上去推销鞋。一个推销员到了岛屿上之后,气得不得了,就发现这个岛屿上每个人都是赤脚。他气馁了,没有穿鞋的,推销鞋怎么行,这个岛屿上是没有穿鞋的习惯的。马上发电报回去,打手机回去,鞋不要运来了,这个岛上没有销路的,每个人都不穿鞋的,这是第一个推销员。第二个推销员来了,高兴得几乎昏过去了,不得了,这个岛屿上的鞋的销售市场太大了,每一个人都不穿鞋啊,要是一个人穿一双鞋,不得了。那要销出多少双鞋出去,马上打电报,空运鞋来,赶快空运鞋。同样一个问题,你看,不同的思维得出的结论是不同的。

---

① 此案例来源百度百科,http://baike.baidu.com/view/24749.html.
② 此案例来源百度百科,http://baike.baidu.com/view/24749.html.

思维有很多种形式,有抽象思维、概念思维、逻辑思维、形象思维、意象思维、直感思维、社会思维、灵感思维、反向思维、相关思维等等。其中,创新思维我们既熟悉又陌生,创新思维就是不受传统思路的约束,是寻求对问题独特解答方式的思维过程[①]。创新思维随着年龄的增长,越来越难拥有,因为我们的思维被每天生活的条条框框所限制。小孩天真,成人成熟。比如孩子问:"老师,天上会不会有两个太阳?"老师斩钉截铁的回答:"只有一个太阳。'国无二君,天无二日',怎么会两个太阳?"虽然只是小小的细节问题,孩子的创新思维就被泯灭,宇宙无限,人的认知有限,还有许多未知不确定的事物。这时"真理"不是永恒正确。不能因为"真理"而埋没创新思维。不能将创新性思维成为我们的发展的阻碍。

(三) 创新思维

创新思维与人类发展史密不可分的。在 1939 年 10 月,爱因斯坦在美国高等教育纪念高等教育 300 周年的大会上,他发表了一段演讲,其中有一句是这样的,"没有个人独创性与个人志愿相统一规格的人,组成的社会将是一个没有发展可能的、不幸的社会。"同样,管理大师德鲁克认为,"对于企业来讲,要么创新要么死亡。"可见,创新是多么重要。人类社会就是一部创新史,通过创造性思维实践,用创造力发挥历史。

创新思维是创新实践,是创造力发挥的前提。思路决定出路,格局决定结局。举个简单的案例[②],大家看过美国的大片《泰坦尼克号》,《泰坦尼克号》有一个致命的思维错误。它错误错在哪儿呢,它认为船造得越大就越不会沉,越不会翻船,是船都有可能沉。当然我这里要补充一下,有两种情况下一般船不会沉。一种情况这个船造得挺大,大得跟那个水塘一样大,它就不会沉了,是吧,不会翻船了。第二,这个船呢。有一次国际上有一个海战,甲方打乙方,打这艘船,再怎么打,打无数个炮弹都有了,就是打不沉。什么原因? 它搁浅了,它搁浅了不会沉吧。一般讲是船都会沉的,所以《泰坦尼克号》犯了个致命的缺点错误,认为船造得越大就不会沉。在这个思维前提错误的情况下,所以必要的救生艇救生衣它没带够的。你看翻船了,倾斜了,沉船了。救生艇救生衣不够,望冰山的望远镜没带的,肉眼看到冰山了,方向转不过来。因为它认为船不会沉,它这个思维是个前提。所以我们说,创新思维是创造性实践的前提,是创造力发挥的前提。

三、头脑风暴法

头脑风暴法,是指由美国 BBDO 广告公司的奥斯本首创,该方法主要由价值工程工作小组人员在正常融洽和不受任何限制的气氛中以会议形式进行讨论、座谈,打破常规,积极思考,畅所欲言,充分发表看法。

头脑风暴法出自"头脑风暴"一词。所谓头脑风暴(Brain-storming)最早是精神病理学上的专业术语,指精神病患者在精神错乱的状态。现如今指无限制的自由联想和

---

① 曾国平,《创新思维与创造力的发挥》,《华夏星火》,2004 年 2 月 5 日.
② 此案例来源百度百科,http://baike.baidu.com/view/24749.html.

讨论,以产生新观念或激发创新设想为目标。

在群体决策中,人们往往会收到群众压力,一般都是少数服从多数,或屈于权威,这就是"群体思维"。群体思维有利于稳定性,但时常会削弱了群体批判性与创造性。长期以往,损害了决策质量。为了保证群体决策的质量,我们可以使用头脑风暴法。

(一)激发机理

头脑风暴为何能激发创新思维?根据 A·F·奥斯本本人及其他研究者的看法,主要有以下几点:

1. 联想反应:联想是产生新观念的基础。在集体讨论中,任何一个讨论者提出某个观念时,都有可能引起他人联想,形成新的观念,有助于解决问题。

2. 热情感染:在不受任何限制的情况下,通过集体讨论激发人们的热情,在唇枪舌剑中,人们自由发言,互相感染,突破原有观念束缚,最大限度发挥自己创造性思维。

3. 竞争意识:拥有竞争意识,人们不断思考,竞相发言,提出具有见解的观点。心理研究表明,人类具有的争强好胜的心理,可以提高大于 50% 的效率。

4. 个人欲望:在集体讨论中,人们拥有个人表达自我的欲望。根据头脑风暴法则,为了畅所欲言,我们不能打断表达者发言,作出任何质疑,这都有可能会影响发言者提出新观念。

(二)要求

1. 组织形式:小组为 10 到 15 人组合(课堂教学也可以班为单位),最好由不同领域者组成。

2. 组织内容:时长为 20 至 60 分钟,主持人一名。记录员 1 到 2 名,将发言者的所有设想都完整记录。

3. 会议类型

(1)设想开发型:指为了获取大量的设想、为课题寻找多种解题思路而召开的会议。要求参与者要善于联想,拥有较强的语言表达能力。

(2)设想论证型:指为将众多的设想归纳转换成实用型方案召开的会议。要求参与者善于归纳、分析和判断。

4. 会前准备工作:

第一、明确会议主题。提前通报给参与人员,让与参与者有一定准备。

第二、选好主持人。提前与主持人沟通,要求主持人熟悉掌握会议要点和操作要素,摸清主题。

第三、组织参与者柔化训练,打破常规思维,减少思维惯性。参与者要有一定的训练基础,懂得该会议提倡的原则和方法,以饱满的创造热情投入激励设想活动。

5. 会议原则

为使与会者畅所欲言,提高效率,必须严格遵守下列原则:

第一,禁止批评。不得阻拦别人提出想法。面对别人发言不能进行批判,哪怕是荒诞的发言也不能进行反驳,尊重每位发言者。同时,也不能批判自我,影响他人积极性。不能出现扼杀性语句,如不符合某些定律、这个想法是不对的、这是不可能的等说法。只有在轻松愉悦无压力的环境下,才能更好地拓展思路,表达想法。

第二,集中目标,提出大量设想。争取最大限度地获取想法,强制大家提出设想。

第三,激励他人,巧用他人设想。每个参与者都要从他人那里学习新的设想或进行补充说明,激励自己获得新启示。

第四,人人平等,记录全部设想。与会人员不分行业不分专家,一律平等。包括荒诞设想在内的所有设想,记录人员都必须完整记录。

第五,主张独立思考,不要议论,不要干扰他人思维。

第六,会议提倡自由思考、随心所欲,目的在于启发与会人员提出新的观念。

第三章 视频格式与技术介绍

　　本章内容安排重点在于知识的普及，主要是一些专利概念、技术指标和编码格式等。这些概念早已有科学规范的定义，因此本章将这些内容按照视频制作应该掌握的要求来进行取舍和编排。本章内容主要摘自《中文专利全文数据库》、《科学咨询》、《多媒体在英语课堂内外的应用》、《立体视频影像自动处理中的匹配技术》、《手持设备视频显示效果的研究》、《视频编码技术在网络教育中应用的探析》、《气象影视视频采集系统的设计和实现》、《多媒体教学节目的发布方式浅谈》、《非线性编辑中 AVI 视频编解码的应用》、《基于 MPEG‐4 的视频点播系统的设计与实现》、《百度百科》、《新浪博客》等文献。

　　视频（Video）是指将一系列静态影像以电信号的方式加以捕捉、纪录、处理、储存、传送与重现的技术。连续的图像变化每秒超过 24 帧画面以上时，根据视觉暂留原理，此时的人眼无法辨别单幅的静态画面，产生平滑连续的视觉效果，这样连续的画面叫做视频。视频技术最早是为了电视系统而发展，但现在已经发展出各种不同的格式以便记录。常见的视频格式有影像格式（Video）和流媒体格式（Stream Video）两大类。网络技术的发达也促使视频纪录片段以串流媒体的形式存在于因特网中，且可被电脑接收与播放。

　　对于视频制作的初学者而言，常用的视频格式只有几种。但仅是这几种格式也让初学者难以掌握，无法明确其区别和特点，从而不能合理运用。初学者难以掌握最根本的原因是人们对视频格式原理并不清楚。因此，本章除了介绍这几种常用的视频格式之外，还搜集了诸多关于视频格式与技术的内容呈现给大家，目的是让大家对视频有更科学和本质的认识。

第一节　技术介绍

　　视频可以被记录下来并经由不同的物理媒介传送：在视频被拍摄时或以无线电传送时为电气讯号，记录在磁带上时则为磁性讯号；视频画质随着拍摄与截取的方式以及储存方式而变化。例如之后发展而来的数位电视（DTV）格式，具有比之前的格式标准更高的画质，正在成为各国的电视广播新标准。在英国、澳洲、新西兰，"Video"一词通常指非正式的录影机与录像带,其意义可由前后文来判断。

视频技术最早是从阴极射线管的电视系统的创建发展起来的,但是之后新显示技术的发明,使视频技术所包括的范畴更大,基于电视和计算机的标准,试图被从两个不同的方面来发展视讯技术。得益于计算机性能的提升,伴随着数字电视的播出和记录,这两个领域又有了新的交叉和集中。电脑能显示电视信号,能显示基于电影标准的视频文件和流媒体,和快到暮年的电视系统相比,电脑随着运算器速度和存储容量的提高,以及宽带的逐渐普及,都具备了采集、存储、编辑和发送电视、视频文件的能力。视频制作软件运用非常广泛,软件也非常多。好奇网总裁张相保就用多种视频制作软件制作出了《奥巴马踹门》和《奥巴马和卡梅隆打架》的精彩恶搞视频等等,获得了非常大的点击量,受到了广大观众的喜爱。

第二节　属性介绍

一、画面更新率

Frame rate 中文常译为"画面更新率"或"帧率",是指视频格式每秒钟播放的静态画面数量。典型的画面更新率由早期的每秒 6 或 8 张(frame per second,简称 fps)至现今的每秒 120 张不等。PAL(欧洲、亚洲、澳洲等地的电视广播格式)与 SECAM(法国、俄国、部分非洲等地的电视广播格式)规定其更新率为 25fps;NTSC(美国、加拿大、日本等地的电视广播格式)规定其更新率为 29.97 fps;电影胶卷是以稍慢的 24 fps 在拍摄。这使得各国电视广播在播映电影时需要一些复杂的转换手续(参考 Telecine 转换),达到最基本的视觉暂留效果大约需要 10 fps 的速度。

二、扫描传送

视频可以用逐行扫描或隔行扫描来传送,交错扫描是早年广播技术不发达、带宽甚低时用来改善画质的方法(其技术细节请参见其主条目)。NTSC,PAL 与 SECAM 皆为交错扫描格式。在视频分辨率的简写当中经常以 i 来代表交错扫描。例如 PAL 格式的分辨率经常被写为 576i50,其中 576 代表垂直扫描线数量,i 代表隔行扫描,50 代表每秒 50 个 field(一半的画面扫描线)。

在逐行扫描系统中每次画面更新时都会刷新所有的扫描线。此法较消耗带宽但画面闪烁与扭曲问题可以减少。

为了将原本为隔行扫描的视频格式(如 DVD 或类比电视广播)转换为逐行扫描显示设备(如 LCD 电视、电冰箱、电视等)可以接受的格式,许多显示设备或播放设备都具备转换程序。但是由于隔行扫描信号本身特性的限制,转换后无法达到与原本逐行扫描画面同等的品质。

三、分辨率

各种电视规格分辨率比较视频的画面大小称为"分辨率"。数位视频以像素为度量单位,类比视频以水平扫描线数量为度量单位。

标清电视信号的分辨率为 720/704/640×480i60(NTSC)或 768/720×576i50(PAL/SECAM)。新高清电视(HDTV)分辨率可达 1920×1080p60,即每条水平扫描线有 1 920 个像素,每个画面有 1 080 条扫描线,以每秒钟 60 张画面的速度播放。

3D 视频的分辨率以 voxel(volume picture element,中文译为"体素")来表示。例如一个 512×512×512 体素的分辨率用于简单的 3D 视频,可以被包括部分 PDA 在内的电脑设备播放。

四、长宽比例

HDTV 的长宽比为 16:9(1.78:1);35 mm 胶卷底片的长宽比约为 1.37:1。

虽然电脑荧幕上的像素大多为正方形,但是数字视频的像素通常并非如此。例如使用于 PAL 及 NTSC 讯号的数位保存格式 CCIR 601 及其相对应的非等方宽萤幕格式。因此以 720×480 像素记录的 NTSC 规格 DV 影像可能因为是比较"瘦"的像素格式,而在放映时成为长宽比 4:3 的画面,或反之由于像素格式较"胖"而变成 16:9 的画面。

五、色彩资料

U-V 色盘范例,其中 Y 值=0.5 色彩空间(Color Space)或色彩模型(Color model name)规定了视频当中色彩的描述方式。例如 NTSC 电视使用 YIQ 模型,PAL 使用 YUV 模型,SECAM 使用 YDbDr 模型。

在数位视频当中,像素资料量(bits per pixel,简写为 bpp)代表了每个像素中可以显示多少种不同颜色的能力。由于带宽有限,所以设计者经常借由类似色度抽样的技术来降低 bpp 的需求量。(例如 4:4:4,4:2:2,4:2:0)。

六、品质情况

视频品质(或译为"画质","影像质素")可以利用客观的峰值信噪比(peak signal-to-noise ratio,PSNR)来量化,或借专家的观察来进行主观视频品质的评量。

对一套视频处理系统(例如压缩算法或传输系统)典型的主观画质评量通常包含下列几个步骤:

(1)选择一组未处理的视频片段(称为 SRC)作为比较基准。

(2)选择处理或传输系统的设定值(称为 HRC)。

(3)订定如何将处理过的视频呈现给评估者并且收集其评价的科学方法。

(4)邀请足够数量的评估者,通常不少于 15 人。

(5)实施评量。

(6)计算每个评估者给予每组不同HRC所打的分数(通常取平均值)。

在ITU－T建议书BT.500当中描述了许多种进行主观画质评量的方法。其中一种标准化的作法是DSIS(Double Stimulus Impairment Scale)。在DSIS评量中,评估者会先观看一段未处理过的视频片段,再观看处理过的视频片段,最后针对处理过的视频片段做出评价,从"与原始影像分不出差异"到"与原始影像相比严重劣化"。

优酷将推出登陆卫视黄金档的150部热播剧和50部独家剧。目前优酷已是影视版权最大的网络买家。秉持"首轮全覆盖,大剧看优酷"的战略,优酷将进行最全的版权储备,提供最优质的观看体验,在质量和品种等各个维度上进一步强化优酷在影视综艺长视频领域的绝对领先地位。

朱向阳在推介会上表示,优酷会在"合计划3.0"及"台网联动、制播联动"基础上,与各家电视台、专业影视制作机构合作全面升级,拓宽合作渠道的广度与深度。

七、台网联动优势主要体现在以下4方面

1. 人群互补

电视受众主要是成年人群,其中又以中老年观众及家庭主妇为主;而网络视频的受众群以年轻人群为主,双方能有效互补;

2. 区域互补

电视主要面对二三线市场,网络视频在核心城市市场占优;

3. 播放时段互补

电视播放主要在晚上,网络视频播放时段全天覆盖;

4. 传播周期互补

电视投放效果只在播出区间,网络视频能充分发挥长尾效应,在更长时间段内持续覆盖。优酷延续台网联动、制播联动的合作共赢路线,将电视、网络收视率共同拉升,联合安徽卫视、湖南卫视、浙江卫视、东方卫视等一线电视台,相继推出包括50部优酷独家剧场在内的150部热播剧,部部精彩可期。

八、压缩技术

视频压缩技术(仅适用数位讯号)。自数位信号系统被广泛使用以来,人们发展出许多方法来压缩视频串流。由于视频资料包含了空间与时间的冗余性,所以使得未压缩的视频串流以传送效率的观点来说是相当糟糕的。

总体而言,空间冗余性可以借由"只记录单帧画面的一部分与另一部分的差异性"来降低,这种技巧被称为帧内压缩(intraframe compression);时间冗余性可借由"只记录两帧不同画面间的差异性"来降低,这种技巧被称为帧间压缩(interframe compression),包括运动补偿以及其他技术。目前较常用的视频压缩技术为DVD与卫星直播电视所采用的MPEG－2和因特网传输常用的MPEG－4。

九、位元传输率

位元传输率仅适用于数位讯号,是一种表现视频串流中所含有的资讯量的方法。

其数量单位为 bit/s(每秒间所传送的位元数量,又写为 bps)或者 Mbit/s(每秒间所传送的百万位元数量,又写为 Mbps)。较高的位元传输率将可容纳更高的视频品质,例如 DVD 格式视频(典型位元传输率为 5Mbps)画质高于 VCD 格式视频(典型位元传输率为 1 Mbps)画质,HDTV 格式拥有更高的(约 20 Mbps)位元传输率,因此比 DVD 有更高的画质。

可变位元速率(Variable bit rate,简写为 VBR)是一种追求视频品质提升并同时降低位元传输率的手段。采用 VBR 编码的视频在大动态或复杂的画面时段会自动以较高的速率来记录影像,而在静止或简单的画面时段则降低记录速率,这样可以在保证画面品质恒定的前提下尽量减少传输率。但对于传送带宽固定,需要即时传送且没有暂存手段的视频串流来说,固定位元速率(Constant bit rate,CBR)比 VBR 更为适合,视频会议系统即为一例。

十、立体型

"立体视频"(Stereoscopic video)是针对人的左右两眼送出略微不同的视频来营造立体物的感觉。由于两组视频画面是混合在一起的,所以直接观看时会觉得模糊不清或颜色不正确,必须借由遮色片或特制眼镜才能呈现其效果。此方面的技术仍在持续进化中,2006 年末 HD DVD 与 Blu-ray Disc 两方都出现含有立体视频的影片,参见 Stereoscopy 与 3-D film。

第三节 格式类别

一、MPEG/MPG/DAT

这类格式包括了 MPEG - 1,MPEG - 2 和 MPEG - 4 在内的多种视频格式。MPEG - 1 相信是大家接触得最多的,因为其正在被广泛应用在 VCD 的制作和一些网络应用视频片段下载上。大部分的 VCD 都是用 MPEG - 1 格式压缩的(刻录软件自动将 MPEG - 1 转为.DAT 格式),使用 MPEG - 1 的压缩算法,可以把一部 120 分钟长的电影压缩到 1.2 GB 左右大小。MPEG - 2 是应用在 DVD 的制作,同时在一些 HDTV(高清晰电视广播)和一些高要求视频编辑、处理上面也有相当多的应用。使用 MPEG - 2 的压缩算法压缩一部 120 分钟长的电影可以压缩到 5—8 GB 的大小(MPEG - 2 的图像质量是 MPEG - 1 无法比拟的)。

二、AVI

AVI(Audio Video Interleaved,音频视频交错))是由 Microsoft 公司推出的视音频交错格式(视频和音频交织在一起进行同步播放),是一种桌面系统上的低成本、低分辨率的视频格式。它的一个重要的特点是具有可伸缩性,性能依赖于硬件设备。它的优

图 3.1 导出格式类别

点是可以跨多个平台使用,但具有占用空间大的缺点。

三、RA/RM/RAM

RM,是 Real Networks 公司所制定的音频/视频压缩规范 Real Media 中的一种,Real Player 能做的是利用 Internet 资源对这些符合 Real Media 技术规范的音频/视频进行实况转播。在 Real Media 规范中主要包括三类文件:RealAudio、Real Video 和 Real Flash(Real Networks 公司与 Macromedia 公司合作推出的新一代高压缩比动画格式)。REAL VIDEO (RA、RAM)格式一开始就定位在视频流应用方面,也可以说是视频流技术的始创者。它可以在用 56K MODEM 拨号上网的条件下实现不间断的视频播放,但其图像质量比 VCD 差些,如果看过 RM 压缩的影碟就可以明显对比出来。

四、MOV

使用过 Mac 机的朋友应该多少接触过 QuickTime。QuickTime 原本是 Apple 公司用于 Mac 计算机的一种图像视频处理软件。QuickTime 提供了两种标准图像和数字视频格式,即支持静态的 PIC 和 JPG 图像格式,动态的基于 Indeo 压缩法的 MOV 和基于 MPEG 压缩法的 MPG 视频格式。

五、ASF

ASF(Advanced Streaming format)高级流格式。ASF 是 MICROSOFT 为了和 Real player 竞争发展出来的一种可以直接在网上观看视频节目的文件压缩格式。ASF 使用了 MPEG - 4 的压缩算法,压缩率和图像的质量都很不错。因为 ASF 是以一个可以在网上即时观赏的视频"流"格式存在的,所以它的图像质量比 VCD 差一些,但比同是视频"流"格式的 RAM 格式要好。

六、WMV

WMV 是一种独立于编码方式的，在 Internet 上实时传播多媒体的技术标准，Microsoft 公司希望用 WMV 取代 QuickTime 之类的技术标准，以及 WAV、AVI 之类的文件扩展名。WMV 的主要优点在于可扩充的媒体类型、本地或网络回放、可伸缩的媒体类型、流的优先级化、多语言支持以及扩展性等。

七、n AVI

如果你发现原来的播放软件突然打不开此类格式的 AVI 文件，那你就要考虑是不是碰到了 n AVI。n AVI 是 New AVI 的缩写，是由 Microsoft ASF 压缩算法修改而来的（并不是想象中的 AVI）。视频格式追求的无非是压缩率和图像质量，所以 n AVI 为了追求这个目标，改善了原始的 ASF 格式中的一些不足，让 n AVI 可以拥有更高的帧率。可以说 n AVI 是一种去掉视频流特性的改良型 ASF 格式。

八、DivX

DivX 是由 MPEG - 4 衍生出的另一种视频编码（压缩）标准，即通常所说的 DVDrip 格式，它采用了 MPEG4 压缩算法的同时综合了 MPEG - 4 与 MP3 各方面的技术，即使用 DivX 压缩技术对 DVD 盘片的视频图像进行高质量压缩，同时用 MP3 或 AC3 对音频进行压缩，再将视频与音频合成并添加相应的外挂字幕文件而最终形成的视频格式。DivX 的画质直逼 DVD 且体积只有 DVD 的数分之一，且对机器的要求不高，因此 DivX 视频编码技术可以说是一种对 DVD 造成威胁最大的新生视频压缩格式，号称"DVD 杀手"或"DVD 终结者"。

九、RMVB

RMVB 是一种由 RM 视频格式升级延伸出的新视频格式，它的先进之处在于打破了原先 RM 格式平均压缩采样的方式，在保证平均压缩比的基础上合理利用比特率资源，在静止和动作场面少的画面场景采用较低的编码速率，以留出更多的带宽空间，这些带宽会在出现快速运动的画面场景时被利用。在保证了静止画面质量的前提下，大幅地提高了运动图像的画面质量，从而使图像质量和文件大小间达到微妙的平衡。另外，相对于 DVDrip 格式，RMVB 视频也有着较明显的优势：一部大小为 700 MB 左右的 DVD 影片，如果将其转录成同样视听品质的 RMVB 格式，其大小最多 400 MB 左右。不仅如此，RMVB 视频格式还具有内置字幕和无需外挂插件支持等独特优点。播放 RMVB 视频格式需要使用 RealOne Player2.0 或 RealPlayer8.0 加 RealVideo9.0 以上版本的解码器形式。

十、FLV

FLV 是随着 Flash MX 的推出发展而来的新视频格式,其全称为 Flashvideo,是在 sorenson 公司压缩算法的基础上开发而来的。

由于它形成的文件极小、加载速度极快,使得网络观看视频文件成为可能。FLV 的出现有效地解决了视频文件导入 Flash 后,导出的 SWF 文件体积庞大不能很好地运用于网络的缺点。目前各个在线视频网站无一例外均采用此视频格式,如新浪播客、56、优酷、土豆、酷 6、帝途以及 YouTuBe 等。

十一、F4V

F4V 是 Adobe 公司为了迎接高清时代而推出继 FLV 格式后的支持 H.264 的流媒体格式。它和 FLV 的主要区别在于 FLV 格式采用的是 H.263 编码,而 F4V 则支持 H.264 编码的高清晰视频,码率最高可达 50Mbps。

主流的视频网站(如奇艺、土豆、酷 6)都开始用 H.264 编码的 F4V 文件,在文件大小相同的情况下,清晰度明显比 On2 VP6 和 H.263 编码的 FLV 要好。土豆和 56 发布的视频大多数为 F4V,但下载后缀为 FLV,这也是 F4V 特点之一。

十二、MP4

MP4(MPEG‐4 Part 14)是一种常见的多媒体容器格式,它是在"ISO/IEC 14496—14"标准文件中定义的属于 MPEG‐4 的一部分。MP4 是一种描述较为全面的容器格式,被认为可以在其中嵌入任何形式的数据,各种编码的视频、音频等都不在话下。不过我们常见的 MP4 文件大部分的存放的是 AVC(H.264)或 MPEG‐4 (Part 2)编码的视频和 AAC 编码的音频。MP4 格式的官方文件后缀名是".mp4",还有其他的以 mp4 为基础进行的扩展或者是缩水版本的格式,包括 M4V,3GP, F4V 等。

十三、3GP

3GPP(3rd Generation Partnership Project,第三代合作伙伴项目)制定的流媒体视频文件格式,主要目的是配合 3G 网络的高传输速度,是目前运用于手机的最为常见的一种视频格式。

十四、AMV

一种 mp4 专用的视频格式。

第四节 常见编码

一、常见的视频编码

（一）Microsoft RLE

Microsoft RLE 一种 8 位的编码方式，只能支持 256 色，压缩动画或者计算机合成的图像等具有大面积色块的素材可以使用它来编码，是一种无损压缩方案。

（二）Microsoft Video 1

用于对模拟视频进行压缩，Microsoft Video 1 是一种有损压缩方案，最高仅达到 256 色，品质可想而知，一般不要使用它来编码 AVI。

（三）Microsoft H.261/H.263/H.264/H.265

Microsoft H.261/H.263/H.264/H.265 用于视频会议的 Codec，其中 H.261 适用于 ISDN、DDN 线路，H.263 适用于局域网，不过一般机器上这种 Codec 是用来播放的，不能用于编码。

（四）Intel Indeo Video R3.2

所有的 Windows 版本都能用 Indeo video 3.2 播放 AVI 编码。它压缩率比 Cinepak 大，但计算机需要比 Cinepak 的快。

（五）Intel Indeo Video 4 和 5

Intel Indeo Video 常见的有 4.5 和 5.10 两种，质量比 Cinepak 和 R3.2 好，可以适应不同带宽的网络，但必须有相应的解码插件才能顺利地将下载作品进行播放。适合装有 Intel 公司 MMX 以上 CPU 的机器，回放效果优秀。如果一定要用 AVI 的话，推荐使用 5.10，在效果几乎一样的情况下，它有更快的编码速度和更高的压缩比。

（六）Intel IYUV Codec

使用 Intel IYUV Codec 所得图像质量极好，因为 Intel IYUV Codec 可以将普通的 RGB 色彩模式变为更加紧凑的 YUV 色彩模式。如果想将 AVI 压缩成 MPEG-1 的话，用它得到的效果比较理想，只是它的生成的文件会非常大。

（七）Microsoft MPEG-4 Video codec

Microsoft MPEG-4 Video codec 常见的有 1.0、2.0、3.0 三种版本，基于 MPEG-4

技术而生。其中 3.0 并不能用于 AVI 的编码,只能用于生成支持"视频流"技术的 ASF 文件。

（八）DivX-MPEG‐4 Low-Motion/Fast-Motion

Low-Motion 与 Microsoft MPEG‐4 Video code 是相当的东西,只是 Low-Motion 采用固定码率,而 Fast-Motion 采用动态码率,后者压缩成的 AVI 几乎只是前者的一半大小,但质量要差一些。Low-Motion 适用于转换 DVD 以保证较好的画质,Fast-Motion 用于转换 VCD 以体现 MPEG‐4 短小精悍的优势。

（九）DivX 3.11/4.12/5.0

DivX 3.11/4.12/5.0 其实就是 DivX。原来的 DivX 是为了打破 Microsoft 的 ASF 规格而开发的,开发组摇身一变成了 Divxnetworks 公司,因而有不断推出新的版本。DivX 3.11/4.12/5.0 最大的特点就是在编码程序中加入了 1-pass 和 2-pass 的设置,2-pass 相当于两次编码,以最大限度地在网络带宽与视觉效果中取得平衡。

二、格式转换

常见视频格式有两大类:

（一）影像格式(Video)。

（二）流媒体格式(Stream Video)。

在影像格式中还可以根据出处划分为三大种:

AVI 格式:由微软(Microsoft)提出,具有"悠久历史"的一种视频格式。

MOV 格式:由苹果(Apple)公司提出的一种视频格式。

MPEG/MPG/DAT:由国际标准化组织 ISO(International Standards Organization)与 IEC(International Electronic Committee)联合开发的一种编码视频格式。MPEG 是运动图像压缩算法的国际标准,现已被几乎所有的计算机平台共同支持。

在流媒体格式中同样还可以划分为三种:

RM 格式:由 Real Networks 公司开发的一种新型流式视频文件格式。

MOV 格式:MOV 也可以作为一种流文件格式。QuickTime 能够通过 Internet 提供实时的数字化信息流、工作流与文件回放功能,为了适应这一网络多媒体应用,QuickTime 为多种流行的 浏览器软件提供了相应的 QuickTime Viewer 插件(Plug-in),以图能够在浏览器中实现多媒体数据的实时回放。

ASF 格式:由微软公司开发的流媒体格式,是一个在 Internet 上实时传播多媒体的技术标准。

了解了主要的几种视频格式,再谈视频格式转化的问题就简单多了。视频格式转化其实就是以上几种视频格式的相互转化而已。

比较常见的视频格式转化有:

DAT→MPEG1

AVI→MPEG1

DVD→MPEG4

DVD→MPEG2

MPEG→RM

MPEG→ASF

MPEG1→MPEG2

MPEG4→MPEG2

MPEG1→MPEG4

MPEG→MOV

WMV→MP4

WMV→3GP

三、显示标准

（一）新型态数位视频

ATSC(Advanced Television Systems Committee),通行于北美

DVB(Digital Video Broadcasting),通行于欧洲、东南亚、非洲、南美洲

ISDB(Integrated Services Digital Broadcasting),通行于日本

（二）类比视频

MUSE(日本的类比 HDTV)

NTSC(北美洲、部分南 中美洲、日本、台湾)

PAL(欧洲、亚洲、澳洲)

PALplus(欧洲),此为 PAL 延伸标准

PAL-M(巴西),此为 PAL 的变形

SECAM(法国、前苏联、中非)

（三）视频端子标准

AV 端子(1 组 RCA 或 BNC)

色差端子(3 组 RCA 或 BNC)

D 端子(日本工业规格所制订的整合型色差端子)

S 端子(S 代表 Separated Video,1 组 mini-DIN 端子)

SCART(通用于欧洲)

DVI(电脑荧幕使用之数位视频端子)HDCP 为选项

HDMI(新型数位家电使用之数位影音端子)HDCP 为强制功能

RF 端子(Radio Frequency 之简写,通常为同轴电缆,有以下各种形式)

BNC(Bayonet Niell-Concelman connector)

C 端子(Concelman connector)

GR 端子(General Radio connector)

F 端子(常用于美国住宅电视配线)

IEC 169 - 2(最常见于英国)

N 端子(Niell connector)

TNC 端子(Threaded Niell-Concelman connector)

UHF 端子(如 PL - 259/SO - 239)

SDI 与 HD - SDI(Serial Digital Interface)

VGA 端子(DB - 9/15 针脚,电脑荧幕标准端子之一)

(四) 类比磁带格式(参见类比电视)

Amex

VERA(BBC 实验性实作,1958 年)

U-matic(Sony)

Betamax(Sony)

Betacam

Betacam SP

2″ Quadruplex videotape (Ampex)

1″ Type C videotape (Ampex and Sony)

VCR,VCR-LP,SVR

VHS(JVC)

S - VHS(JVC)

VHS - C(JVC)

Video 2000(飞利浦公司)

Video8

Video Hi8

(五) 数位磁带格式(参见数位视频)

D1(Sony)

D2(Sony)

D3

D4

D5 HD

Digital Betacam(Sony)

Betacam IMX(Sony)

HDV

ProHD(JVC)

D - VHS(JVC)

DV

MiniDV

MicroMV

Digital8(Sony)

（六）光盘储存格式

DVD

镭射影碟(Laserdisc,MCA 与飞利浦公司)

Blu-ray Disc(Sony)

增强型通用光盘(EVD,中国政府推动的格式)

HD DVD(日立与东芝)

四、编码格式

M - JPEG(ISO)

MPEG - 1(ISO)

MPEG - 2(ITU - T+ISO)

MPEG - 4(ISO)

H.261(ITU - T)

H.263(ITU - T)

H.264/MPEG - 4 AVC(ITU - T+ISO)

H.265

VC - 1(SMPTE)

Ogg-Theora

第五节　H.264 格式介绍

　　H.264,同时也是 MPEG - 4 第十部分,是由 ITU - T 视频编码专家组(VCEG)和 ISO/IEC 动态图像专家组(MPEG)组成的联合视频组(JVT,Joint Video Team)提出的高度压缩数字视频编解码器标准。这个标准通常被称为 H.264/AVC(AVC/H.264、H.264/MPEG - 4 AVC、MPEG - 4/H.264 AVC),明确地说明它两方面的开发者。

　　H264 标准主要部分有 Access Unit delimiter(访问单元分割符),SEI(附加增强信息),primary coded picture(基本图像编码),Redundant Coded Picture(冗余图像编码)。还有 Instantaneous Decoding Refresh(IDR, 即时解码刷新)、Hypothetical Reference Decoder(HRD,假想参考解码)、Hypothetical Stream Scheduler(HSS,假想码流调度器)。

一、背景介绍

H.264 是国际标准化组织(ISO)和国际电信联盟(ITU)共同提出的继 MPEG4 之后的新一代数字视频压缩格式。H.264 是 ITU－T 以 H.26x 系列为名称的视频编解码技术标准之一。H.264 是 ITU－T 的 VCEG(视频编码专家组)和 ISO/IEC 的 MPEG(活动图像编码专家组)的联合视频组(JVT:joint video team)开发的一个数字视频编码标准,该标准最早来自于 ITU－T 的 H.26L 项目的开发。H.26L 这个名称虽然不太常见,但一直被使用着。H.264 是 ITU－T 以 H.26x 系列命名的标准之一,AVC 是 ISO/IEC MPEG 一方的称呼。

国际上制定视频编解码技术的组织有两个,一个是"国际电联(ITU－T)",它制定的标准有 H.261、H.263、H.263＋等,另一个是"国际标准化组织(ISO)",它制定的标准有 MPEG－1、MPEG－2、MPEG－4 等。H.264 是由两个组织组建的联合视频组(JVT)共同制定的新数字视频编码标准,因此它既是 ITU－T 的 H.264,又是 ISO/IEC 的 MPEG－4 高级视频编码(Advanced Video Coding,AVC)的第 10 部分。因此,不论是 MPEG－4 AVC、MPEG－4 Part 10,还是 ISO/IEC 14496—10,都是指 H.264。

1998 年 1 月开始草案征集,1999 年 9 月完成第一个草案,2001 年 5 月制定了测试模式 TML－8,2002 年 6 月 JVT 第 5 次会议通过了 H.264 的 FCD 板,2003 年 3 月正式发布,2005 年开发出了 H.264 的更高级应用标准 MVC 和 SVC 版本。

国际电联 ITU 和 MPEG 组织在发布了 H.264 标准之后,很快就发布公告为下一代视频编解码标准 H.265 征集技术方案。为 H.265 设定的技术性能指标是:压缩效率比 H.264 提高 1 倍、且不明显提高编码和解码的计算量。据 MPEG 组织 2009 年西安会议的回顾,尚无一个技术提案达到上述指标。

H.264 是在 MPEG－4 技术的基础之上建立起来的,其编解码流程主要包括 5 个部分:帧间和帧内预测(Estimation)、变换(Transform)和反变换、量化(Quantization)和反量化、环路滤波(Loop Filter)和熵编码(Entropy Coding)。

H.264 标准的主要目标是:与其他现有的视频编码标准相比,在相同的带宽下提供更加优秀的图象质量。通过该标准,在同等图象质量下的压缩效率比以前的标准(MPEG2)提高了 2 倍左右。

H.264 可以提供 11 个等级、7 个类别的子协议格式(算法),其中等级定义是对外部环境进行限定,例如带宽需求、内存需求、网络性能等等。等级越高,带宽要求就越高,视频质量也越高。类别定义则是针对特定应用,定义编码器所使用的特性子集,并规范不同应用环境中的编码器复杂程度。

二、优势

(一)低码率(Low Bit Rate):和 MPEG2 和 MPEG4 ASP 等压缩技术相比,在同等图像质量下,采用 H.264 技术压缩后的数据量只有 MPEG2 的 1/8,MPEG4 的 1/3。

(二)高质量的图像:H.264 能提供连续、流畅的高质量图像(DVD 质量)。

（三）容错能力强：H.264 提供了解决在不稳定网络环境下容易发生的丢包等错误的方式。

（四）网络适应性强：H.264 提供了网络抽象层（Network Abstraction Layer），使得 H.264 的文件能容易地在不同网络上传输（例如互联网，CDMA，GPRS，WCDMA，CDMA2000 等）。

H.264 最大的优势是具有很高的数据压缩比率，在同等图像质量的条件下，H.264 的压缩比是 MPEG-2 的 2 倍以上，是 MPEG-4 的 1.5～2 倍。例如原始文件的大小如果为 88GB，采用 MPEG-2 压缩标准压缩后变成 3.5GB，压缩比为 25∶1；而采用 H.264 压缩标准压缩后变为 879MB，从 88GB 到 879MB，H.264 的压缩比达到惊人的 102∶1。

低码率（Low Bit Rate）对 H.264 的高压缩比起到了重要的作用，和 MPEG-2、MPEG-4 ASP 等压缩技术相比，H.264 压缩技术将大大节省用户的下载时间和数据流量收费。尤其值得一提的是，H.264 在具有高压缩比的同时还拥有高质量流畅的图像，正因为如此，经过 H.264 压缩的视频数据，在网络传输过程中所需要的带宽更少，也更加经济。

三、特点

H.264 标准的主要特点如下：

（一）更高的编码效率：同 H.263 等标准的特率效率相比，能够平均节省大于 50% 的码率。

（二）高质量的视频画面：H.264 能够在低码率情况下提供高质量的视频图像，在较低带宽上提供高质量的图像传输是 H.264 的应用亮点。

（三）提高网络适应能力：H.264 可以在实时通信应用（如视频会议）低延时模式下工作，也可以在没有延时的视频存储或视频流服务器中工作。

（四）采用混合编码结构：同 H.263 相同，H.264 也使用采用 DCT 变换编码加 DPCM 的差分编码的混合编码结构，增加了如多模式运动估计、帧内预测、多帧预测、基于内容的变长编码、4x4 二维整数变换等新的编码方式，提高了编码效率。

（五）H.264 的编码选项较少：在 H.263 中编码时往往需要设置相当多选项，增加了编码的难度。而 H.264 做到了力求简洁的"回归基本"，降低了编码时的复杂度。

（六）H.264 可以应用在不同场合，可以根据不同的环境使用不同的传输和播放速率，并且提供了丰富的错误处理工具，可以很好地控制或消除丢包和误码。

（七）错误恢复功能：H.264 提供了解决网络传输包丢失问题的工具，适用于在高误码率的无线网络中传输的视频数据。

（八）较高的复杂度：H.264 性能的改进是以增加复杂性为代价获得的。据估计，H.264 编码的计算复杂度大约相当于 H.263 的 3 倍，解码复杂度大约相当于 H.263 的 2 倍。

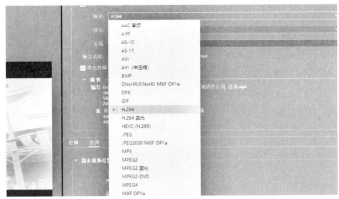

图 3.2　选项示意

以 Premiere 为例,在导出设置中的"格式"选项菜单里,下拉选择"H.264"选项。

图 3.3　预设菜单

在"预设"选项菜单里可以选择不同预设,如果导出视频用在手机上播放,选择"3GP 640X480 15 fps"或者"480p"的清晰度就足够了;如果在电脑上播放,可以选择"高比特率"。

图 3.4　比特率选项

当我们选择"高比特率"时,视频会比较大。此时我们可以通过调整"目标比特率"数值来调整视频成片的大小。

第四章　企业宣传片的风格与架构

第一节　作用与宣传方式

一、作用

　　宣传片是企业形象塑造的最常用手段之一,是企业对外形象展示的最佳选择。无论是外界对企业的理解还是企业对外的展示,都可以从一个宣传片开始。宣传片的架构特点决定了它能非常有效、全面地展示和提升企业形象,把企业的文化理念和产品的功能、服务、用途及优点更好地展示给大家。因此,宣传视频已经成为企业必不可少的宣传工具。由于宣传片具备有效提升企业形象、充分展示产品和服务、说明产品功能和用途、介绍产品使用方法和特点等的功能,已被广泛运用于展会招商宣传、学校宣传招生、产品市场推广、招商楼盘销售、旅游景点宣传、特约加盟、品牌提升、使用说明以及上市宣传等等。

　　众所周知,供求关系可以决定一个行业的发展。随着新媒体时代的到来、传播特点的改变,企业对宣传片的需求量越来越大,但宣传片供应方面却略显不足,质量过硬的企业并不多,同时缺乏品牌效应。相关工作者应当把握好这个时机,在宣传片的策划与制作方面,做到概念明确、功能细化、流程合理、提高保障,这样才能让自己的宣传片在市场上占有一席之地。确保行业可持续发展的稳定性,需要相关企业、工作人员的共同努力,特别是专业的工作态度和对艺术锲而不舍追求的精神。艺术没有统一的标准,但一定有高标准,我们应该尽最大努力保障艺术水准,提高效率,控制成本,为客户解决实际问题,获得行业认可。

要想宣传片具有很强的观赏性,好的创意是必不可少的,创意是宣传片的灵魂。宣传片的创作过程中,创意与策划是第一步要做的事情。随着企业对宣传片要求越来越高,宣传片制作的技术水平也在不断提升,宣传片整体质量的进步促使客户的审美要求不断提高,整体行业状况呈良性发展状态。

在新媒体时代,所有的企业都会有自己的网站和主页,所有网站都不能仅仅配以图片和文字。宣传片可以用影视的表现手法,有层次、有针对、有重点地对企业内部各个层面进行摄制、展现,彰显独特的企业风貌、让观众对企业产生正面、良好的印象,从而树立起企业的良好形象,提升对企业的信任度。拍摄企业宣传片在当今社会来说已经是必须,所有企业都会选择这种高效、内涵的方式展示自己。企业宣传片将会是所有企业的必须品,未来中国所有企业都会有一部专属的企业宣传片。

在这个"酒香也怕巷子深"的年代,再优秀的企业不注重宣传也很容易被淹没在漫天的推销广告中,稍不留神就会被淘汰出局。所以如何塑造企业形象、提高企业知名度一跃成为解决企业宣传问题的首要课题,成为企业继续发展的重要前提。新媒体视频的宣传作用不可忽视,产品介绍片在市场开拓方面往往能起到"四两拨千斤"的作用。此外,还要注意相关素材的积累,平时企业的相关活动,例如销商会、培训会、庆典活动等,都要拍摄存档、保留文件。并且要用不同的风格拍摄,这样在日后的汇总合成时不至于风格单调。要做到风格不同就需要摄影师掌握推、拉、摇、移、跟、升、降以及前景遮挡、虚实转换等各种拍摄手法。

二、宣传方式

宣传片从内容的角度来看,可以大致分为两种:一种是展示企业风貌、文化内涵为主的企业形象片,另一种是推动产品销量、拓展市场为主的产品介绍片。企业形象片的主要目的是对企业形象进行统一,传递最符合市场的优势信息。它可以帮助观众对企业进行系统的了解,增强对企业的信任感,从而达成商业合作。产品介绍片主要是展示产品生产过程、突出产品功能特点和使用方法,以此让观众细致、深入地了解产品,营造良好的销售环境。① 这两种内容为主的宣传片被广泛用在招商竞标、产品发布会、促销现场、项目洽谈以及会展活动等场合。

企业宣传片基本需要一年甚至半年更新一次,因为它是企业阶段性总结,是动态艺术化的展播方式。因此企业宣传片的内容重心不必放在变化可能性较小的事情上,比如历史、目标等内容,重点宣传当下的企业文化和战略方针,而历史与展望是辅助表现,可以增加影片的深度。传统企业宣传片基本以回顾过去、立足现在、放眼未来为内在核心线索,这种模式叙事全面、描述清晰,但是形式比较陈旧。随着传播观念日新月异,传

---

① 谭志松:《如何做好企业宣传片》,《隧道建设》,2007 年 5 期,第 108 到 109 页.

统宣传片固有的叙事模式容易让人出现审美疲劳,商家与客户都在探寻着创意方式的突破。因此宣传片开始与其他视频形式有了交叉,例如在宣传片中出现一点微电影般的情节,或者融入新闻采访一样的场景,再者利用广告制作包装来丰富宣传片的内容。总之,行业已经慢慢开始了对宣传片更多形式、功能、深度的探索与开发,对宣传片未来的发展、拓展市场的需求都是有利的。制作者需要以塑造企业形象为主旨,从理念和文化两方面进行深度挖掘,片中呈现的企业元素要有统一性,要依托在企业的文化精髓之上。

尽管微电影、广告、纪录片、新闻和宣传片等都具有宣传企业的作用,但是它们风格各异,重点也是不同的。如果要对公司的整体形象给予集中而深入的表现,实现树立品牌、提升形象、彰显文化,又或者以制作综合反映企业产品、技术、设备、人才和环境为目的,宣传片绝对是最佳选择。宣传片好比企业的名片,可以高效、全面地与对方建立信息的传递。

三、宣传特点

在众多宣传方式中,宣传片与其他类型视频比较而言,有以下特点:

1. 表达形式

宣传片直奔主题,表达形式更加直接。宣传片可能没有广告包装丰富,也可能没有微电影情节引人入胜,但它会直接告诉观众企业的品牌信息、文化内涵等。宣传片擅长的是整合企业资源,统一企业形象。

在表达方面,微电影与宣传片形成了鲜明的对比。微电影与宣传片的直奔主题不同,它以"情节"为线索,通过剧情的发展间接地表现企业或产品。同时,微电影的温馨剧情也在影响着观众,潜移默化地塑造了产品的正面形象。

2. 信任度

信任源于了解,一个企业的信任度源于客户对自己的了解情况。宣传片可以在招商、会议、竞标、发布会等诸多场合长盛不衰,就是因为它可以快速、高效地建立客户对自身的了解渠道。首先建立了解的桥梁,其次通过宣传片将企业实力、部门架构、历史发展和未来愿景等和盘托出,真诚地诉说条件,快速地取得客户的信任感。

在这个方面,如广告针对产品的特点表现,以及新闻针对某具体事件的报道形式,对于观众了解企业而言都是片面的,无法及时有效地建立对企业的信任度。

3. 记忆程度

宣传片对观众记忆的影响属于短时高效型。宣传片的涉及面广,内容全面,在观众的视听世界里形成了信息包围的态势,一时间关于企业信息的方方面面都在向观众输出着,因此对观众高效地了解企业大有帮助。同样也因为宣传片的涉及面广,点到即止的表现方式,能给观众留下深刻印象的方面比较少,只有一般观众感兴趣的地方会进行主动记忆。

广告对企业产品特点、功能特色的突出更容易造成观众长久的记忆。微电影或者纪录片在情节方面的感情渲染或者文化内涵的充分体现更会让观众印象深刻。

4. 吸引力

每种宣传方式的受众群体是不尽相同的,宣传片的受众群体一般是对企业有了解意向的观众。这部分人本身就已经被企业所吸引,宣传片在吸引力上的思考只需要让这些观众变为客户、员工或者合作伙伴。因此宣传片融合各种类型视频的优点,例如地下作业的产品可以用动画模拟的形式表现,目的是让观众更加了解产品、信任企业。

5. 回报率

从投入产出的角度来看,宣传片占有两个优势。第一个是第四点提到的受众群体,由于宣传片的观众很多本身就是潜在客户,所以转化率是很高的,收益也是有保障的。第二个是宣传片可以用于新媒体传播平台,相较于传统传播方式成本低且传播高效。

第二节　如何合理架构

一、制作流程

（一）业务沟通

在拍摄脚本确定到正式拍摄之前都属于业务沟通阶段。这个阶段需要做充分的前期准备,制作组需要与客户沟通、了解需求、掌握重点、了解宣传片用途、考察场地、计划选演员、确定时长以及了解企业意向风格等。在业务沟通时期内,制作组就以上了解内容逐步形成企业宣传片的具体制作方案,并完成具体方案的准备工作。

这个阶段要与客户充分接触,沟通层层深入,进一步明晰影片定位、制作精度、拍摄时间、项目预算等,将对方的需求一一搞清楚,并做出相应的应对措施。不合理、无法解决或是不容易实现的内容及时与客户沟通修改。总之,在这个阶段准备得越充分,方案实施的时候就会越顺利。千万不要一边拍摄一边思考计划,往往会事倍功半且难以达到想要的效果。

（二）项目策划

项目策划发生在业务沟通阶段的中后期,必须在业务沟通阶段获取一定有效信息的前提下才能开始进行。随着沟通的不断深入,制作组慢慢形成初期的创意脚本以及提出能够保障方案实施的报价。脚本以及预算在情况复杂时需附带书面说明,并且要站在客户的角度思考如何理清这些问题。在摄制方面,客户多是一知半解,因此说明要越清楚越好,越详细越好,以免前期沟通的疏漏造成后期摄制事故。

客户在拿到制作组的脚本与报价之后可以形成讨论组,就最终宣传片的任务量、时长、工期、酬劳等做出回应,并与制作组意见达成一致。意见达成一致后,制作组定制详细的拍摄计划准备开工。拍摄计划中要清楚地列出每场的拍摄场次、时间、内容以及道具、演员和场地等。宣传片一般包含以下几块内容:

1. 片头内容

根据企业的形象气质定制合适的片头。传统成熟的公司一般要求大气、具有文化气息的片头；年轻朝气的公司一般会要求用动感科技的片头。企业种类繁多，服务类、科技类、文化类、艺术类、机械类、体育类以及医药类等，都要使用合适的片头，才能定好影片的基调，做到影片风格首尾一致。

2. 公司介绍

一般公司的宣传片都会介绍软硬件水平，包括注册资金、固定资产、部门架构以及占地面积等。有些历史悠久的公司会在这个板块做简短的回顾，一般时长在十几秒到几十秒之间，不会占用太多篇幅。有些公司架构比较复杂，如多个联合公司、下设分公司或者属于某集团等，这些容易表达或能够为企业形象加分的情况应尽力表现出来，如果没有什么作用还略显冗余则尽量避免。

3. 产品展示

企业都有自己主打的品牌，品牌下可能是单一的产品也可能是系列产品。因此，每一次的宣传片更新势必会介绍最新的产品情况，在塑造企业形象的同时为最新产品拓展市场。即使企业只有一种产品，产品的更新换代、功能的增减以及受众的调整也需要重新宣传。所以，产品展示环节在企业宣传片中一般是不可或缺的部分。例如万达企业经营范围涉及不同领域，宣传片会在每次更新中展示最新的经营范围、成功案例，进而推动企业的继续扩张与发展。

4. 其他相关信息和结尾

首先来说结尾，结尾要和片头呼应。第一是风格统一，片尾片头要用同一套包装，科技感的片头必然对应科技感的片尾。值得注意的是片尾要简短，不要过多展示片尾的包装水准。第二是内容总结性要强，并展示愿景与未来。许多公司在片尾处会请领导讲话，用领导主观的深情演说代替客观的旁白讲解，这样更具有感染力，并拉近了企业与观众之间的距离。

然后再来说其他相关信息，这块信息放在结尾前，产品展示之后。比如新的发展规划、之前获得的奖励与认可、试验性项目的进展，等等，总之对于积极传达企业精神的，可以筛选一二放在这里，让观众对企业的发展产生期待。

（三）现场拍摄

由于企业宣传片的客观展示镜头比较多，因此企业宣传片拍摄以平摄为主。值得注意的是，平摄不是摄影师或者摄像机的位置始终在一条直线上，而是被摄物体与摄像机保持在同一水平线，被摄物体不被俯视也不被仰视。宣传片常用拍摄角度除了平摄还有仰摄和俯摄。

1. 平摄

平摄是指将摄像机镜头与被摄物体平行的拍摄方法。例如拍垂直于地面的物体将摄像机水平放置，摄像机镜头与被摄物体形成平行的角度，镜头既不向下偏，也不向上仰。在拍摄时，如果被摄物高于或低于摄像者，摄像者可以根据被摄物的高低调整摄像机位置和自己的身姿。在室内可以利用沙发、桌子、板凳等物体,站在物体上或者坐下调整摄影师的位置。例如,要拍一双鞋,尽量不要俯拍,这样的角度会让观众产生主观视角的感觉。可以把鞋子的位置放高或者将摄像机放低和鞋子在一条水平线上。这些方法的目的都是使摄像机镜头与被摄者始终保持平行关系。

2. 仰摄

仰摄是指摄像机镜头与被摄物体形成一定仰角的拍摄方法。这种方法使被摄物体的形象显得雄伟高大,使被摄对象的主体地位得到强化。我们常常会看到宣传片中企业办公大厦以仰摄的方式呈现,这并不仅仅是因为楼高人低,更是因为凸显企业建筑雄伟高大的形象。这不只是外在形象的展示,更是对企业内在气质的一种外化。在拍摄人的时候,把摄像机位置放低,镜头形成仰角仰摄,那么被拍摄人物的形象会更具威慑力。在使用仰摄时要注意,这种拍摄角度会使被摄物体变形,尤其在拍人的时候,离得太近五官会变得扭曲。除了展现人物特定的扭曲、焦虑等心理之外,一般不会将人物的五官拍摄扭曲或变形。所以不能滥用这种方法,偶尔运用能够起到渲染气氛的作用,但是过多地使用会有无病呻吟的嫌疑,令人反感。

3. 俯摄

角度通常配合比较远的画面,以全景、中景为主,近景和特写慎用。全景和中景可以展示工作车间的有条不紊、户外工地的分工合作、工业园区的整体格局等。大景别的俯摄方法可以表现出画面的层次感与纵深感。宣传片中交代某企业的地理位置时经常用航拍镜头展示风景名胜、标志性建筑,尽管是俯视,在蓝天白云下,宽广的视野中,这些物体融于天地之间,令人感到视野非常开阔。俯视好比上帝视角,是一种客观的展示,不同于近景、特写里主观镜头的俯视效果。俯拍人物会削弱人物的气势,如果背景比较空旷,会让观众觉得被摄人物十分孤独;俯拍产品则有种居高临下的感觉,无法强化被摄物体的主体地位。因此要合理使用俯拍手法。

4. 主观镜头拍摄

在宣传片中,以前边三种拍摄手法为主的客观镜头使用较多。但是随着宣传片中的内容越来越丰富,主观镜头的使用也渐渐出现。很多宣传片中会出现少许情节,例如智能家园中一个人在电子门旁边指纹解锁:当他走向电子门时,会有一个主观镜头显示面前的电子门越来越近,此时一般用平摄加手持推进。当他站在门前,向门右边的指纹录取处转头时,如果指纹录取处低于这个人的视线,则下一个特写指纹录取的镜头可以是主观的俯视镜头,反之则是仰视镜头;手持略微晃动可以表现真实的主观视角的感受。再比如一个孩子跑到游乐场,看到高大的游乐设施出现时的情节:摄像师降低摄像机高度到孩子的视角拍摄,同样手持推进,甚至跑动增加真实感。接一个孩子在游乐场的全景画面后,再接孩子仰视游乐设备的主观画面。当需要主观镜头出现时,仍然用客观稳定的拍摄方法,会使情节显得不真实,情感渲染不到位。

（四）后期包装合成

后期制作包括粗剪、配音、配乐特效、精剪等步骤。这些步骤既有程序上的先后,又有时间上的重合,每一个步骤都不是单独存在的,都要考虑与其他元素的关系。比如粗剪要考虑配音或者配乐的时长,精剪要考虑配乐风格与节奏,特效要考虑与实拍风格吻合等等。并不是一定要先粗剪再选音乐,有时遇到特别合适的音乐也可以以音乐为中心创作。后期中的每一块都特别重要,不能顾此失彼,注意短板原理。

在进行后期制作时,最好能和甲方负责人员不断沟通,虽然脚本早已确定好,但是后期中依旧有很大的二次创作的空间,依旧有很多不可控的因素。所以后期制作时应该及时获得甲方的肯定,避免方向矛盾,降低重复劳动的次数。由于双方审美与理解等的差异,步调完全一致是不可能的,重复劳动也在所难免,因此加强沟通是提高效率的唯一办法。

图 4.1　后期制作环境

(五)审核交片

成片制作好之后向甲方展示。甲方提出意见、讨论。制作组按要求修改,再次提交成品。因此,在成片制作好之前就要与甲方负责联系,获得一些可以确定的信息,减少返工比例。例如,配音、配乐先发给甲方看是否合适,包装风格是否满意等,如果有问题,在成片做出之前就可以改进。毕竟,成片中的精减是需要投入大量精力和时间的,所以,在精减前尽可能的多落实一些情况。需要注意的是,制作组要提前与甲方确定修改次数范围及定稿期限,防止无休止修改和拖欠尾款的情况发生。

二、注意制作要点

(一)解说词写作

解说词的创作首先要与企业形象相符,其次要与宣传片风格相符。编写时应力求叙事干净利落,语言概括性强、不冗长。表达通畅明了,语言形象化。

（二）表现细节

宣传片所表的主题，必须通过具体的人和事、生动的画面、生活场景才能达到传递企业精神理念的效果。细节可以说是视频中表现人物、情节、环境的最小单位了，但是，典型的细节可以起到"四两拨千斤"的作用，做到以少胜多、画龙点睛的效果。

（三）表现背景

背景可以分为社会环境背景和自然环境背景，既是宣传片的基本构成因素，也是宣传片的重要表现因素。它是宣传片反映人物性格、事件发展、思想表现的背景依据。因此，背景的设置要合理，具有贯穿性和统一性才能保证情节可信、情感真挚。

（四）整体架构

完整、新颖、科学的构思可以使宣传片更加出彩。首先就是有完整的构思，完整是最基本的要求。完整不仅是要做到版块全面，还要注意各版块相互的比例、内在联系与协调关系。

二、避免制作误区

（一）时间越长越好，内容越多越好

企业宣传片的时间越长就可以传递越多的信息吗？答案显然是否定的。合理架构才是完整表现内容的有效方法。架构合理就不会让宣传片时间过长，冗长的信息会让观众视觉疲劳，结果往往适得其反。要使用精炼、全面、合理的语言来组织架构，体现主要思想理念，无需面面俱到。

（二）格式千篇一律，不需单独策划

宣传片不能忽略了整体策划效果，不能仅仅把图、文、声进行简单拼接。这种简单的组接，有时在局部虽然合理，但是在整体可能中存在矛盾、重复等问题。在制作之前，必须进行整体的创意和策划，对营销目的、潜在客户特点、首要展示内容等进行分析整理，没有前期的策划与可行性分析就很难保证宣传片的立意、方向、效果是合理有效的。很多企业意识不到策划的重要性，导致宣传片效果平庸甚至失败。

（三）只注重硬件设备，忽略创意团队

甲方往往会被策划案里的各种摄相机、灯光、轨道、录音、后期设备的型号、参数所吸引，虽然甲方基本看不懂这些参数，但是很多人看到这些堆砌的数据还是觉得物有所值。可是当宣传片做出来的时候就大跌眼镜了，明明设备是一流的，为什么效果却是三流的呢？原因就是前期沟通时太注重硬件设备，而忽略了创意团队的重要性。没有编

导的前期策划与精心设计，没有摄影师的镜头运用与艺术审美，没有后期的先进技术与二度创作，再好的设备也只是一堆塑料与金属而已。因此，一定要注意策划案中主创人员的分工是否明确，经验是否充足，案例是否具有说服力等。

第三节　宣传片拍摄

一部宣传片的诞生与方方面面的因素相关：硬件方面，摄相机、灯光、轨道、录音设备、影棚、后期实验室等等；人员方面，导演、摄像、编剧、策划、制片人、灯光师、场记、化妆师、道具组、服装师、剪辑师、特效师等等。这当中的每一个环节都对宣传片的最终效果起到影响。在百度百科《宣传片》①一文中，对拍摄设备、拍摄要领以及镜头组接作出了部分介绍，我们在此结合文章中的内容继续做研究。

一、拍摄准备

（一）设备

PXW－FS7、BetaCam、DvCam、DvcPro、5Dmark4、SonyA7M2、DigiTalBetaCam 等不同档次的前期拍摄设备。灯光、吊臂、轨道等拍摄辅助设备。广播级的影视编辑设备及先进的动画制作设备、数码音乐合成制作设备、专业演播室等。

图 4.2　SONY PXW－FS7　　　　　图 4.3　三角架

（二）三脚架

三脚架是企业宣传片拍摄中重要的工具，在很多场合它都能起到稳定的作用，从而拍摄出稳定的画面。市面上的三脚架林林总总，价格从几千元到十几万元不等，根据影视公司能力选择。

---

① 《电视广告》，《百度百科》，http://baike.baidu.com/view/88986.html.

（三）使用手动对焦功能

自动对焦是数码摄像机的一个很实用的功能，适合初学摄像的朋友们使用。对于专业的企业宣传片拍摄，必须使用手动对焦，这是专业摄像的前提。很多时候还需要手动对焦确定前景、后景的景深位置与效果。

图 4.4　对焦模式切换

图 4.5　手动对焦环

通常情况下人们都习惯性使用自动对焦功能，对于大部分普通的拍摄环境而言自动对焦完全可以满足需求。再比如舞台现场的拍摄，可能涉及到前景鲜花的特写、人物的虚化、焦点的切换等等。为了达到更好的艺术表现效果，自动对焦就显得有点力不从心了。

（四）遮光罩

镜头遮光罩在逆光、侧光拍摄时，能防止非成象光的进入，避免雾霭；在顺光和侧光摄影时，可以避免周围的散射光进入镜头；在灯光摄影或夜间摄影时，可以避免周围的干扰光进入镜头。使用遮光罩可减轻光线经过镜头折射后在 CCD 影像感应器上所产生的光斑，可以更好的表现拍摄主体，减少杂光对主体的干扰，使夜景拍摄的画面显得比较纯净。

图 4.6　遮光罩

图 4.7　白平衡调节

（五）白平衡的调节

摄像机的感光元件 CCD 没有办法像人眼一样自动修正光线的改变，所以我们要重视白平衡的调节。选择不同的白平衡,将直接影响影片的色调以及所表达的意境。一般来说不要选择自动白平衡,这样会影响灯光固有的颜色,使之失去特有的色温感觉,用一本校色谱进行白平衡的调节是比较好的解决方案。

(六)防抖功能

图 4.8　防抖功能

调到 ON 即可开启防抖功能,可以有效地减少拍摄画面的抖动和脱尾。

二、拍摄要领

平:指运动过程中始终保持摄影机的水平。如果画面没有保持水平,画面中固定状态的水平和垂直的被摄体如房屋、电线杆、人物等将歪歪斜斜,不仅视觉效果不好,而且给人心理上带来不稳定、动荡不安的感觉。用三角架拍摄时应调好水平仪,手持或肩扛拍摄时应随时调整寻像器中的水平状态。

准:指运动摄影过程中的画面起幅和落幅的焦点、构图要准确,拍摄时注意"跟焦点"的技巧。"摇"画面时要按照落幅站好位置,再从起幅开始"摇",这样既可以保证"摇摄"的速度均匀,又可以兼顾拍摄过程中画面构图的准确性。

稳:指运动摄影过程中的画面要保持稳定,不能摇晃,否则会给人一种头晕目眩的感受,从而造成心理的不安情绪。手持拍摄时应尽量在一个镜头中屏住呼吸或者让身体找一个依靠点和支撑点,尽量运用短焦距摄影镜头拍摄可减少摄影机的晃动。要做到这点是很难的,但这是基本功。

匀:指运动摄影过程中摄影机的运动速度要均匀,不可忽快忽慢。用三角架拍摄时应调整好三角架的阻尼。手持拍摄时掌握好拍摄要领,运动的起步和停止要有加力和减力过程。

三、镜头组接

(1)主体物在进出宣传片画面时,我们拍摄需要注意拍摄的总方向,从轴线一侧拍,否则两个画面接在一起主体物就要"撞车"。"轴线规律"是指拍摄的画面是否有"跳轴"现象。在拍摄的时候,如果拍摄机的位置始终在主体运动轴线的同一侧,那么构成画面的运动方向、放置方向都是一致的,否则就是"跳轴"了,跳轴的画面除了特殊的需要以外是无法组接的。

（2）拍摄一个场面的时候，"景"的发展不宜过分剧烈，否则就不容易连接起来。相反，"景"的变化不大，同时拍摄角度变换亦不大，拍出的镜头也不容易组接。由于以上的原因我们在拍摄的时候，"景"的发展变化需要采取循序渐进的方法。

（3）对镜头组接时间长度的把握非常重要。每个镜头的停止时间长短不一，首先是根据要表达的内容以及观众的接受能力决定，其次还要考虑到画面构图等因素，远景中景等大画面包含的内容较多，观众需要看清楚这些企业宣传片画面上的内容，所需要的时间就相对长些。近景、特写等镜头小的画面，所包含的内容较少，观众无需很长的时间来解读，所以需要的时间要短。

（4）镜头组接的节奏是很难把握的，企业宣传片节奏除了通过演员精彩到位的表演、镜头恰到好处的转换和运动、音乐的配合、场景的时间空间变化等因素体现外，镜头组接是非常重要的方法，因此应该精准掌握镜头的尺寸和数量，调整镜头顺序，去除冗杂的枝节才能完成。

第四节　案例分析

一、成品总体分析

（1）

（2）

图 4.9　片头

企业宣传片的包装要符合企业的特质,片头的这个黄金光泽的表盘,传达着效率与经济的概念,这与万达企业形象气质相符。

机械表芯给人以缜密、严谨的感觉,开始便在片头表达了对时间效率的重视,正是万达企业有规划、有条理发展的意象化表现。

图 4.10　开头

开头就是一组展示万达广场大厦的航拍镜头,宣传片的整体架构是遵循"总—分—总"的原则,不仅在内容表现上遵循"总—分—总"的原则,镜头剪辑上一般也要遵循这个原则。

开头的"总"一般是以历史、经济、指标数据展示企业的整体发展概况,而结尾的"总"多展示企业的情怀、责任,以及表现未来的规划、愿景。两个"总"的角度不同,是有区别的。

（1）

（2）

图 4.11　总体介绍

在图 4.11 中用到了特效包装,将几处重要的数据呈现在了画面上,并且创意之处在于特效数据与画面内容的紧密结合。

在前边提到的"总—分—总"原则中,"分"指的是中间部分的架构形式。中间部分由几项主要业务构成,或者是由主打产品、重要部门构成,又或者兼具这几种内容。不管是何种组合,定下来的内容都是以分篇章的形式叙述。

图 4.12　篇章标题

第一篇章是"商管集团",图 12、图 14、图 16 分别是中间部分的四个篇章的标题。分章标题的包装风格要一致,但是内容要有区别,特点是:一、背景不同,符合这一篇章的内容。二、文字包装要一致,切忌不同篇章用多种字体。文字位置可以根据在背景上是否清晰调整位置。

（1）

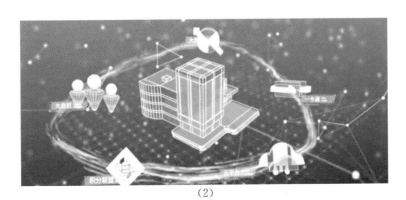

（2）

图 4.13　篇章内容

不同篇章里表现与标题相应的内容，可实际拍摄与动画制作相结合。

图 4.14　篇章标题

（1）

（2）

图 4.15　篇章内容

在"文化集团"部分，万达集团展示了广场、影城、体育、娱乐等项目。

图 4.16　篇章内容

（1）

（2）

图 4.17

　　在"地产集团"部分展示了不同形式、不同性质的地产项目。请注意,在这部分地产项目的拍摄中,统一用的是航拍镜头。而再上一个篇章"文化集团"部分中,所有的建筑用的仰拍镜头。这样就在不同篇章里有不同的拍摄特点,每章的镜头感上有统一的风格。

图 4.18 总结尾

　　最后一个篇章"社会责任"在包装形式上与前边"商管集团"、"文化集团"、"地产集团"的包装形式一致,但是在整体架构上担当的是结尾的"总"的功能。首先在内容上,与前边几章的并列的项目介绍不同;其次在意义上,这部分展示了整个企业的担当精神。

(1)

(2)

图 4.19

图 4.20　点题

这部分提到企业扶贫、奉献社会的同时,展示了企业的荣誉、社会认可等方面内容。然后引出了企业的规划与远景,层层递进、不断升华。最后再次点题,以"国际万达、百年企业"结束,首尾呼应。

二、脚本样式举例

首先来看一下 2017 年 COLOUR4CREW 街舞社 12 周年庆宣传片分镜头脚本初稿,以及简单的拍摄计划。拍摄计划是按照最合适的工作顺序定制的,并不是按照内容顺序来定。

表 4.1　街舞社分镜头脚本示意

NUM	TIME	PICTURE	SIZE			PROP
1		草地	特			
2		远山近草　汽车穿过	远			
3	0—	四年前的陈彬排望着窗外	近			
4	14 s	手中的机票	中			
5		车远去	特			
6		嘻哈陈彬回忆的表情	远拉	陈彬回头侧脸	拉	
7		飞机起飞	远			
8	14—	机窗外的云	近			
9	25 s	飞机落地	远			
10		南京景色切换到学校				
11		嘻哈陈彬说唱	中			
12		学长 a 跳舞	近			
13	25 s—	路人围观学长 a 跳舞	远			
14	35 s	嘻哈陈彬说唱	中			
15		陈彬路过往里看	中			
16		陈彬被同学拉走	中			
17		陈彬回头不舍	中			

（续表）

NUM	TIME	PICTURE	SIZE			PROP
18		嘻哈陈彬说唱	中			
19	35 s— 50 s	陈彬回头碰到学姐 a	近中			
20		学姐故意挡路	中近	过肩、正反打		
21		学姐微笑 学姐喊陈彬加入的手势	中	过肩拍、移镜头、过陈彬头之后，场景换到舞房里		
22	57 s	陈彬环顾	中	摄像机围陈彬转		
23		嘻哈陈彬说唱				
27	57 s— 1:07 s	Poppin 队训镜头 5 组				
		替身队长带队				
		学员学、汗流浃背		不全是写实镜头 现实与意象结合		
32	1:08 s— 1:18 s	lockin 队训镜头 5 组				
		替身队长带队				
		学员学 double 等、开心说笑		现任队长充当当时学员 分别有流汗、灰心摔衣服、受伤、开心的戏份		
37	1:19 s— 1:29 s	breakin 队训镜头 5 组				
		替身队长带队、学员学				
42	1:30 s— 1:40 s	hipa 队训镜头 5 组		最后一镜是诸葛 镜头转过来变成 5 个队长跳舞		
		替身队长带队、灰心摔衣服			内（穿插说唱画面）	
		陈彬在后边学习				
47	1:40 s— 1:56 s	爵士队训镜头 5 组				
		替身队长带队				
		某女生抬头，带伤训练				
51		一段时间练习后		练舞与季节交替		
		嘻哈陈彬说唱				
		陈彬推开舞房的门				
	1:56 s— 2:11 s	遇见鸭心、喵姐也在		练舞画面 穿插休息、说笑等场面 写实镜头		服装 1
		嘻哈陈彬说唱				
		诸葛、三人一起练舞			内	
		陈心妙、跳跳进入，前三人已换衣服				服 2

（续表）

NUM	TIME	PICTURE	SIZE		PROP
52		大家坐一排休息,大家说笑	中	陈彬左1,诸葛左2,	服1
53		练舞		穿插练舞画面	
54	2:11—2:23 s	大家坐一排休息,左1空,诸葛左2看空位置,他人说笑	中	有人遮挡路过,大家换一身衣服造型,诸葛还是看空	服装2
55 61		诸葛发现陈彬几天没来,折飞机,最后一天发信息给他	中	三个镜头折飞机手机屏幕:最近怎么没来	
62		陈彬在电脑前打字	近		
63		陈彬回复后睡着了	中	RE:最近太忙忙了	
64 65		诸葛气愤发信息		不露字,前景手机背面	
66	2:23 s—2:44 s	陈彬桌子上醒来	近		
67		看手机(iphone5),清醒		手机屏幕:你以后都别再来了!!!	
68		陈彬奔向舞房		拍脚步,背影	夜
69		舞房空无一人,只有纸飞机	全特	两个镜头　开舞房门进去	
79	2:44 s 3:06 s	每个队长的带队画面		在不同的地方领舞Lockin poppin Hipa 9人	
86	3:06 s 3:28 s	每个队长的带队画面	中远	在不同的地方领舞Jazz BK 7人	
97	3:28 s 3:47 s	几个主要演员一些造型,一起走,背影,生活,食堂吃饭		陈彬上台阶看到5个人下来,转身看着他们离开	
98		老狗1说话		老狗寄语,同时穿插主要演员与一起老狗的快乐画面,以及舞社大家的部分镜头	
99	3:47 s—3:58 s	老狗2说话			
100		老狗3说话			
		丁心下坡　陈彬上坡　击掌			
	4:00	嘻哈陈彬心跳			
101		照片飞入画面,越来越多			
102		正是陈彬台式机里的画面	中		
104		陈彬起身,站在船前远眺	中		
105		收到一条信息		铃声响	
106		晚上去舞房吗?(iphone6)	特		
107		陈彬微笑	近		
108		桌子上的纸飞机,写着 love u colour4 crew	特	桌子上的纸飞机　后景陈彬站在窗前	

（续表）

拍摄时间						
上	9:00—11:00	陈彬　出家　说唱				
	12:00—1:00	学长在人群中跳舞				
下	1:30—2:30	Lockin poppin Hipa 9 人	每个舞种 4 个八拍，每人至少两件衣服。			
	2:30—3:30	Jazz breakin 6 人				
	3:30—4:00	陈彬 tommark 前，爬山虎，操场说唱 平行楼梯不能错过				
	4:00—5:00	陈彬两次打电脑，	宿舍装和工作装 学生笔记本电脑 A4 纸若干(折飞机)			
	5:00—6:30	5 个队长舞房练舞	至少 2—3 套衣服			
		诸葛发信息　折飞机				
晚	7:00—9:00	五个舞种训练 5 个队长曾经的样子 剪影	嫩一点 舞房外拍			

接下来，这是 2017 年某生物科技公司产品宣传片的分镜头脚本初稿，与 COLOUR4CREW 街舞社 12 周年庆宣传片不同，此片主要表现的是四款产品。我们看一下如何将主打产品融入到宣传片中来。

表 2　某生物科技公司分镜头脚本示意

场	景	旁白	画面	镜头	备注
1			南京风景	全	城市、风光
2		南京×××生物科技有限公司坐落于六朝古都南京的鼓楼区紫金智梦园，是一家以留学归国人员为主创办的创新型生物医药高新技术企业。公司成立于 2012 年，注册资金 3 000 万元，"绿色、环保、健康、安全"是公司的奋斗目标。	智梦园风景	特	
3			公司门头	全	
4			前台	全	
5			董事长办公	中特	
6			特效文字：1 000 万		
7			特效文字：绿色、环保……		
8		公司主要从事医药用天然活性产物、微生态制剂、益生元等健康产品的开发与销售。公司作为南京 321 高层次海外领军人才企业，已申请专利 60 多项，建有海洋微生物新资源开发工程技术研究中	生产线画面	全	
9			特效文字：天然活性产物、微生态制剂、益生元		生产线 实验室 员工工作镜头
10			奖牌与证书	中特	
11			实验室画面	中特	

（续表）

场	景	旁白	画面	镜头	备注
12		心，先后投资 1 000 万元建设了微生物实验室、分子生物实验室和发酵中试车间，并与中国微生物研究所、江苏大学、扬州大学等国内高校科研院所以及日本神户大学、美国华盛顿州立大学等科研单位保持着密切的技术交流合作关系。	生产线画面	全特	
13			微生物实验室、分子生物实验室和发酵中试车间画面	中特	
14			特效文字：中国微生物研究所、江苏大学、扬州大学等国内高校科研院所以及日本神户大学、美国华盛顿州立大学		
15	颁奖公园	公司目前主要产品包括解酒护肝、纤体养生、排毒通便、儿童健康等针对不同年龄段人群的各种益生元产品。本公司所有产品均为绿色纯天然成分，无任何化学添加剂。	特效文字：解酒护肝、纤体养生、排毒通便、儿童健康		1. 产品摆放要有造型 2. 四组人群其中两个用产品做前景
16			四组产品画面	近	
17			四组人群画面		
18	办公室	解酒护肝系列 适用于长期饮酒、抽烟、熬夜、胃酸过多、精神紧张人士，具有修复肠胃粘膜，促进易损细胞复原，舒缓紧张神经，缓解疲劳症状功效！（提升肝脏乙醛脱氢酶的分泌，提高肝脏解毒功能；调节肠道菌群失衡；促进脂肪燃烧、促进肝脏细胞代谢的功能。）	特效文字：解酒护肝系列		
19			特效图片：饮酒、抽烟、熬夜		
20			特效文字：修复肠胃粘膜，促进损细胞复原，舒缓紧张神经，缓解疲劳症状	中	
21			朱教授讲话：提升肝脏乙醛脱氢酶的分泌，提高肝脏解毒功能；调节肠道菌群失衡；促进脂肪燃烧……	中	
22					
23					
24	公园办公室	女性纤体养生系列 适用于年轻和中老年女性，对于肤色暗沉、减肥反弹、肠胃紊乱人群均具有显著功效。补充细胞营养物质，减缓细胞衰老。（减少黑色素的形成，淡化色斑；调节肠道菌群平衡；提高免疫力，增强抗癌能力。）	特效文字：女性纤体养生系列		
25			特效图片：年轻和中老年女性		
26			特效文字：肤色暗沉、减肥反弹、肠胃紊乱	特	
27			女生做瑜伽	中	
28			妇女跳广场舞	全	
29			朱教授讲话：括号里的	中	
30	家办公室	通便排毒系列 适用于食欲不振、下腹膨胀、排便艰难费力人群。可以增加肠蠕动，减少便秘；预防肠道感染，抑制腹泻。	特效文字：通便排毒系列		
31			特效图片：食欲不振、下腹膨胀、排便艰难费力		
32			中、老年男士运动画面 吃饭画面	中 特	
33			朱教授讲话：括号里的	中	

（续表）

场	景	旁白	画面	镜头	备注
34	影棚 餐厅 大都会门口	儿童益生元系列	特效文字：儿童益生元系列		
35		儿童专用益生元冲剂含有多种益生菌成分以及多种天然膳食纤维、功能寡糖等益生元成分，每包活菌量不少于50亿，能够迅速定殖儿童肠胃，调节肠道菌群，加速肠道蠕动，促进宝宝肠胃对矿物质和维生素的吸收；改善儿童厌食挑食；并且能够为提高儿童免疫力提供帮助。	特效文字：益生菌、天然膳食纤维、功能寡糖		
36			特效文字：50亿		
37			宝宝笑	特	
38			宝宝吃饭	中	
39			宝宝运动	全	
40			宝宝全家开心	全近	
41		×××生物，用心呵护，关爱一生。×××生物致力于生命科技的创新，呵护每一个生命，关爱您一生的健康。×××生物科技有限公司董事长×××携全体员工以不凡的品质、仁厚的关爱、生命的情怀、进取的精神、担当的胸怀为您的健康保驾护航！	公司、工厂门头	全特	穿插
42			董事长办公	中	
43			员工研究	全特	
44			服用者健康快乐		穿插
45			董事长办公	特	
46			董事长与员工造型	近远	拉镜头

第五章　广告的创意与目标

　　新媒体较传统媒体而言有时间自由、渠道广泛、成本低等诸多优势，新媒体使传媒活动变得更加便利，让传媒影响更加普及，为各种视频的传播提供了便利条件。但这些便利条件都是客观因素，视频传播的生命力最终还是取决于自身质量，自身的吸引力才是决定性主观因素。这一点在广告片上体现得更加明显，无论是传统媒体还是新媒体，广告的投放形式都是瞬时的，要吸引观众，靠的是瞬间的吸引力。如果说广告的目标是吸引观众，那么实现目标靠的则是创意。有创意的广告才能实现吸引观众的目标，最终达到获得利润的目的。

第一节　形式与创意

一、表现形式

（一）叙事方式

　　叙事被认为是人类在实践过程中，认识和反映世界、社会和个人的基本方式。广告的表现过程也是一种叙事，不管广而告之的诉求点是什么，总是有其叙事目的的。视频广告叙事，是商品经营者在大众媒体上发布的以盈利为目的的叙事。

　　1. 故事式：以故事的情节反映出产品与观众的关系，使观众感同身受。

　　2. 记录式：用记录的镜头语言叙事，强调商品与时代同行，不断自我完善。

　　3. 印证式：金杯银杯不如老百姓的口碑，通过名人或普通人实名印证产品功效。

　　4. 示范式：详细展示产品的细节及使用方法，直观地展现产品的优势之处。

　　5. 特效式：在音效、剪辑等方面进行特殊处理，对观众进行感官刺激，产生独特的效果、气氛，使观众对产品记忆深刻。

　　6. 名人式：使用名人效应来扩大产品的影响力，吸引受众目光，增加消费欲。

　　7. 悬念式：间接表现产品的好处，吸引观众注意力，最后再引出商品。

　　8. 解答式：抛出一个难题，最终只有广告产品可以解决问题，增强其吸引力。

（二）广告片类型

商家进行广告宣传活动，首先就要针对自己的诉求点选择合适的广告类型。不同广告类型的结构、风格、情绪、表现方式都是不同的。商家要综合考量各种因素，考虑如何能更好地让受众接收到自己的诉求点，明白自己的主体思想。

1. 新闻报道型：这是最传统的一种广告方式，新闻报道型广告像新闻报道一样把具有价值的产品信息逐一进行宣传。这是广告发展初期的常用手法，缺乏创意。

2. 示范证明型：主要通过名人、专家和产品使用者去说明和验证广告产品的功能和优点，产品能给消费者带来什么好处，分为引证式和名人推荐式①。随着名人肖像的符号化，名人肖像的出现就伴随着点击量和收视率的提升，因此这种方式广泛运用在新媒体和传统媒体上。

3. 悬念问答型：首先有人来设置悬念、抛出问题，再由一个或一系列体验者以亲身经历给出答案的广告。这种方式重在说服力，问题与答案之间必须有理有据，无懈可击。

4. 情景深化型：将使用者平时对产品的那种依赖与认可进行艺术化加工，渲染情感、深化主题，使其以广告的形式呈现在荧幕上。

5. 精神理念型：是通过某些环境、某些事件来烘托体验者的精神感受。这类广告重在传递精神，而非产品本身作用。例如，一些奥运比赛画面后出现某运动品牌的logo，与介绍此品牌运动产品的功能就形成两种鲜明的风格对比。

6. 动画特效型：动画特效的出现弥补了实物难以实现或者无法达到的效果。例如地下、水下、高空等难以实现的拍摄内容可利用动画模拟效果。再比如一些夸张的表演，婴儿跳街舞、老年人空中飞翔环游世界等效果都必须用特效去展现。这种效果会让观众有耳目一新的感觉，引人入胜。

二、创意理念

（一）创意要求

在漫天遍地的广告中，很少广告能给观众留下深刻印象，能被观众正确理解的少之又少。由此可知，一则广告如果没有创意，就好比一滴水珠流进了大海。所谓创新，就是以独特的富有个性、特色的表现形式向人们展示与众不同的事物。创新就必须打破思维枷锁，激发思维创新的潜能，及时、准确地把握社会生活的变迁与转化，以事实为基准，立足于现在，着眼于未来，这是广告创新之本，广告创意之所在。

创新又包含理念创新、内容创新、形式创新手段创新、语言创新、图形创新。关于理念创新，菲利普·科特勒曾说过："在营销学的发展史中，每十年就产生一些新概念。"而毫无疑问每一次理念的更新都会推动广告理论的前进。从 4Ps 到 4Cs，广告理念经历

---

① 《品牌广告片应符合广告创意的要求》，http://blog.ifeng.com/article/28899546.html，2013 年 7 月 10 日.

了从以产品为中心到以消费者为中心的嬗变。不论采用何种形式、何种媒体,信息都要统一、一致,使消费者接触到的信息单一、明晰。这使得广告传播进入了一个系统化的时代,那种令人厌烦的广告和几句假大空的呐喊就想要征服消费者的时代,已经一去不复返了。

表 5.1　4Ps 到 4Cs 理念对比 ①

类别	4Ps		4Cs	
阐释	产品 Product	服务范围、项目,服务产品定位和服务品牌等	客户 Customer	研究客户需求欲望,并提供相应产品或服务
	价格 Price	基本价格,支付方式,佣金折扣等	成本 Cost	考虑客户愿意付出的成本、代价是多少
	渠道 Place	直接渠道和间接渠道	便利 Convenience	考虑让客户享受第三方物流带来的便利
	宣传 Promotion	广告,人员推销,营业推广和公共关系等	沟通 Communication	积极主动与客户沟通,需找双赢的认同感
时间	20 世纪	60 年代中期(麦卡锡)	20 世纪	90 年代初期(劳特朗)

数字化开启了全媒体营销,广告创作进入了全面创新时代,不是某一点,某个方面的创新,而是全方位所有节点的创新。全方位创新,有四个缘由:

1. 创意的全面推动作用

从 2011 年开始,戛纳广告节易名创意节,更加注重创意理念。品牌传播拓展到公关、设计等更为广阔的范围,广告越来越跨界。

2. 广告创意的实效要求

戛纳设立创意实效大奖,规定只有在上一届获奖或入围的作品方可参评。广告不仅仅是一个表演,创意不只是昙花一现,创意转化成效益才是好的创意广告。

3. 创意与数字技术的深度结合

数字技术几乎已经渗透到每一个现代广告当中,品牌着力于点传播,努力用"点"的力量来撬动市场。日趋丰富的数字视频表现能力,可以迅速地让"点"的传播转换为"面"的传播。

4. 好创意带来好口碑

当今广告能够出现在大众眼前,仅仅有广而告之的作用是不够的,所有平台对这种广告已经不感兴趣,兼具娱乐性与启发性或者教育性的广告才具有最大的传播能力。创意能够艺术性地传达广告信息,好创意既有原创性又与要展现的内容密切相关,可以使受众印象深刻,激发受众的购买欲,进一步完成消费。

(二)文案写作要求

要想达到创意与内容的有效结合,不是简单两者相加,首先就是要打磨出好的广告

---

① 《4Ps 营销理论》,《百度百科》:http://baike.baidu.com/view/970879.html.

文案。创意广告的画面呈现既要具备蒙太奇思维又要兼顾影视语言,所以文案的形成过程中既要遵循文案的写作规律,又要兼顾影视脚本的创作规律。

1. 明确广告定位、确定广告主题。文案人员要分析研究大量企业的相关资料,确定主题,围绕主题构思广告形象,根据广告形象确定最佳表现形式和技巧。

2. 运用蒙太奇思维、镜头语言叙事。文案人员要掌握蒙太奇的拼贴剪辑作用,文案写作时要打乱时空,切忌平铺直叙。广告文案的语言要直观、生动,容易化为视觉形象。

3. 概括性要强,突出重点。无论是画面还是语言都要高效地表现主题,因为广告的时间往往只有几十秒甚至几秒,所以画面、情节、语言的呈现都要考虑时间的概念,要高效,要有概括性。

4. 声音与画面和谐。视频广告兼具视听语言,以视觉形象直观传达,以听觉进行强调、补充。因此广告文案的写作要兼顾视觉与听觉的配合,避免声画矛盾,声音与画面要相辅相成、有机结合。

5. 渲染情绪、感染受众。广告文案以感性的诉求方式来体现产品内容与观众之间的关系,做到情绪饱满、情感真切、具有艺术感染力,引导受众产生正面的反应。脚本的艺术感染力是广告成功的必要条件。

第二节　明确广告传播目标

广告传播目标是指广告活动所要达到的心理指标,包括对广告信息的视听率、读者率和注意、理解、记忆、反应等内容。[①] 对广告传播的目标而言,可以是一项,也可以是多项,提高企业知名度、加深目标消费者对企业的印象、参与市场竞争、提升形象高度、强化消费者认知、提供新的消费理念等都是广告的传播目标。

一、传播目标的主要内容

(一)提高企业产品的知名度,扩大影响范围,让目标消费者了解产品,是广告传播的最直接目标。在目标消费者恰好有此类产品的需求时,这是将广告传播转化为销售利润的最佳的时机。

(二)加深企业产品的印象。企业产品在广告中的 logo、代表色、包装以及独特的产品功效、良好的售后保障甚至是当红的形象代言人等印在消费者的记忆中后,能够促成受众需要此类产品时的认牌购买行为。

(三)参与市场竞争,拓宽市场。企业的广告行为一方面是围绕产品的介绍与推广展开的,另一方面是以市场的竞争与占位为目的的。企业经常更新各种产品版本、功能以及服务的相关信息,既是为销售铺路,也是在提升企业的市场知名度,巩固企业的市场份额。

---

① 苗宇,刘丽主编:《广告实务大全:企业广告策划与广告平面设计实务》,内蒙古科学技术出版社,2001 年 2 月 1 版.

（四）提升形象高度，巩固社会地位。在广告中播送企业相关公益信息，例如公益广告对社会大众进行号召，但是落款还是某企业的 logo。再例如商业广告中，结尾加一句"每买一件某产品就为某贫困地区捐出多少钱"等，这都是提升品牌形象的办法。

（五）强化认知、提升好感。当一个企业的名称、标志、字体、色彩、象征图案、标语口号、吉祥物等相关要素都有统一标准，统一风格，且不断在消费者面前出现，久而久之，便潜移默化的在消费者心理产生了固定可靠的印象。

（六）引领观念潮流、增加用户粘性。随着科技的发展，产品质量不断提升，产品寿命也是越来越长。因此，企业要引导消费者进行潮流型消费而非完全是实用型消费。企业产品不断更新换代，紧跟时尚款式、流行话题进行宣传，让消费者产生购买新产品就是时尚的心理，以此增加销售量。

二、广告传播目标的确定

广告的传播目标内容有很多，而对于广告目标的确定，必须对市场营销情况研究透彻。广告传播和行销的目标虽然并不一致，但仍有一些联系，因为广告目标服务于行销目标。广告传播总有一个特定的目标（通常来自一个问题或是潜在的问题），因此切勿要求太多，要实际。[①] 广告传播目标的确定从以下几个目的考虑：

（一）改变受众的消费态度和行为

企业为了让消费者了解产品，提高品牌知名度、扩大市场，投放广告是最好的方式。消费者观看广告，对产品留下好的印象，从而进行消费，这是最直接的目的。

（二）实施品牌战略

树立企业形象，提升知名度，拓宽市场，打造明星品牌，才能切分市场"蛋糕"。

（三）演绎产品风格

将产品宣传做出风格，独树一帜，从而加深消费者对产品的印象，成为行业标杆。

（四）占据市场份额

迅速占有市场、提高品牌知名度，迅速达成销售目标。

1. 目标明确，要有衡量标准

对于品牌发展而言，广告目标是具体的。它可以利用各种销售渠道，将产品布局到各个销售网点，并且各网点销量是可以统计的。

2. 目标消费群要有针对性

你的广告表现的内容是给谁看的，这个"谁"就是目标消费群。在设计广告之前，一定要明确目标消费群。针对市场进行分析：消费者是谁？消费者在哪里？如何去接触

---

① 赵明剑，王兴为主编：《广告理论与实务》，北京交通大学出版社，2009 年 7 月.

消费者？消费特点怎样？一定要对目标消费群研究透彻，进行品牌分析和消费者调查，下面列出了所要调查的内容[1]：

消费群1	购买动机	购买方法	购买时间	购买地点	品牌认知途径	消费频率	满意程度
消费群2							
消费群3							

上表可以帮助商家确定产品功能方向以及形象建设方向，从而明确商家的广告目的。

3. 品牌发展的时间性和阶段性

品牌发展具有时间性和阶段性。在品牌发展的过程中，进行广告宣传活动，分别确立长、中、短期不同的广告目标。目标是要有针对性，广告效果才能一竿见影。从品牌的成长来看，以告知性为"导入期"的主要广告目标；以促进销售为"成长期"的主要广告目标；塑造品牌的忠诚度为"成熟期"的主要广告目标[2]。

4. 参考预算

预算合理是广告活动顺利进行的基础。过多与过少的投入都会导致广告策划与广告目标之间的错误匹配。广告投入要与品牌规模相协调。

第三节　广告拍摄技巧

广告相比于其他视频形式一般具有短时、高效、节奏快的特点。因为以前的广告播放平台价格昂贵的原因，广告必须节省时间、信息量大，同时还要以绚丽的镜头画面吸引观众。现在尽管播放平台已经普及、大众、自由化，但是广告的作品精度依然保持了原来的高要求、高标准。

广告拍摄的镜头要求比较全面，我们能够见到的升降镜头、甩镜头、旋转镜头、晃动镜头以及推、拉、摇、移、跟镜头统统都能够使用在广告的拍摄里。在《百度百科》《电视广告》[3]一文中，对各种镜头使用技巧以及拍摄注意事项作出了比较详细的讲解，见以下镜头使用技巧和拍摄时注意事项两部分内容。

一、镜头使用技巧

（一）升降镜头

升降镜头是指摄影摄像机上下运动拍摄的画面，是一种从多视点表现场景的方法，

---

① 《广告传播目标》，《百度百科》：http://baike.baidu.com/view/11856976.html.
② 《广告传播目标》，《百度百科》：http://baike.baidu.com/view/11856976.html.
③ 《电视广告》，《百度百科》，http://baike.baidu.com/view/88986.html.

其变化的技巧有垂直方向升降、斜向升降和不规则升降。在拍摄的过程中不断改变摄像机的高度和仰俯角度，会给观众造成丰富的视觉感受。如果能在实际的拍摄中与镜头表现的其他技巧结合运用的话，能够表现变化多端的视觉效果。

（二）甩镜头

这种技巧对摄像师的要求比较高，是指一个画面结束后不停机，镜头急速"摇转"向另一个方向，从而将镜头的画面改变为另一个内容，而中间在摇转过程中所拍摄下来的内容变得模糊不清楚。这与人们的视觉习惯是十分类似的，非常类似于我们观察事物时突然将头转向另一个事物，可以强调空间的转换和同一时间内在不同场景中所发生的并列情景。甩镜头的另一种方法是专门拍摄一段向所需方向甩出的流动影像镜头，再剪辑到前后两个镜头之间。

（三）旋转镜头

被拍摄主体或背景呈旋转效果的画面，常用的拍摄方法有以下几种：一是沿着镜头光轴仰角旋转拍摄。二是摄像机超 360 度快速环摇拍摄；三是被拍摄主体与拍摄镜头几乎处于一轴盘上作 360 度的旋转拍摄。另外还可以运用旋转的运载工具拍摄，也可以获得旋转的效果。这种镜头技巧往往被用来表现人物在旋转中的主观视线或者眩晕感，或者以此来烘托情绪，渲染气氛。

（四）晃动镜头技巧

这种镜头在实际拍摄中用的不是很多，但在合适的情况下使用这种技巧往往能产生强烈的震撼力和主观情绪。晃动镜头技巧是指拍摄过程中摄影摄像机机身做上下左右前后摇摆的拍摄。常用作主观镜头，如表现醉酒、精神恍惚、头晕或者乘船、乘车摇晃颠簸等效果，营造特定的艺术效果。

（五）镜头推拉技巧

镜头的推拉技巧是一组在技术上相反的技巧。推镜头相当于我们沿着物体的直线直接向物体不断走近观看，而拉镜头则是摄像机不断地离开拍摄物体。当然这两种技巧都可以通过变焦距的镜头来实现这种技巧效果。推镜头使观众的视线逐渐接近被拍摄对象，是逐渐把观众的观察从整体引向局部。在推的过程中，画面所包含的内容逐渐减少，也就是说，镜头的运动摈弃了画面中多余的东西，突出重点，把观众的注意力引向某一个部分。拉镜头则是慢慢交代了环境，展示了起幅与落幅之间的关系。

（六）摇镜头

用摇镜头技巧时摄影摄像机的位置不动，只是镜头变动拍摄的方向，这非常类似于我们站着不动，而转动头来观看事物一样。摇镜头分为好几类，可以左右摇，上下摇，也可以斜摇或者与移镜头混合在一起。摇镜头的作用使得观众对所要表现的场景进行逐一展示,缓慢地摇镜头技巧,也能造成拉长时间、空间效果和给人表示一种印象的感觉。摇镜头把内容表现得有头有尾,一气呵成,因而要求开头和结尾的镜头画面要有明确的目的。摇镜头的运动速度一定要均匀,起幅先停滞片刻,然后逐渐加速、匀速、减速、再停滞,落幅要缓慢。

(七)移镜头

这种镜头的作用是为了表现场景中的人与物,人与人,物与物之间的空间关系,或者把一些事物连贯起来加以表现。移镜头和摇镜头有相似之处,都是为了表现场景中的主体与陪体之间的关系,但是在画面上给人的视觉效果是完全不同的。移动拍摄多为动态构图。当被拍摄物体呈现静态效果的时候,摄影摄像机移动,使景物从画面中依次划过,造成巡视或者展示的视觉效果;被拍摄物体呈现动态时,摄像机伴随移动,形成跟随的视觉效果,还可以创造特定的情绪和气氛。

(八)跟镜头技巧

指摄影摄像机跟随着运动的被拍摄物体拍摄,有推拉摇移升降旋转等形式。跟拍使处于动态中的主体在画面中保持不变,而前后景可能在不断地变换。这种拍摄技巧既可以突出运动中的主体,又可以交代物体的运动方向、速度、体态以及其与环境的关系,使物体的运动保持连贯,有利于展示人物在动态中的精神面貌。

二、拍摄注意事项

(一)日景和夜景的拍摄

1. 日景分为外景日景和内景日景。它的主要特点是以阳光和天空光为光源进行拍摄。日景条件下拍摄,景物各部分的显色性好,色温也较高,摄像机的滤色镜通常选择色温为 5 600 K 或 5 600 K+25%ND 两档进行,经过白平衡的仔细调节,可以获得较好的拍摄效果。在有风的天气情况下进行拍摄时,应注意采用"正、斜面"方向拍摄。这样能使风在画面中得到充分表现,如摇曳的树枝、被风吹动的树叶等,能增强画面的表现力。

2. 夜景在电视片中的拍摄有多种效果,如外景夜景、内景夜景、月光、火光、灯光夜景等。通常,夜景的拍摄方法有两种:一种是在真实的夜景中拍摄,这种情况下,摄像机白平衡的调节和滤色片的选择应以在画面中起主导作用的光源的色温为主来进行调节;另一种方法是,我们在白天进行模拟夜景的拍摄,为了创造出一种月色朦胧的感觉(效果),可选用 3 200 K 的滤色镜,同时要注意缩小光圈,就能创造出一个逼真的夜景效果。

（二）日出和日落时的拍摄

日出和日落可分为太阳在地平线以下和太阳不在地平线以下两种情况。

1. 太阳在地平线以下时,光线的特点是天空还很亮。太阳刚要升起的光辉和太阳刚刚落下的余辉装饰性地把天边照亮,地面景物接受了大气层中的云霞和天空中的反射光及散射光的照明,还保留着一定的层次。这时,光线的色温较低,且不稳定,一般大约在 1 500 K～2 400 K 左右。天空的色调是变化的,靠近朝阳或夕阳处是较浓的橙红色调,离太阳越远,橙红色调就越淡。色温也是有层次变化的。这时,地面的景物与天空比较,两者的明暗反差较大,不适合拍摄人物的近景和表现人物的神情及细部层次,可拍摄剪影。摄像机的滤色镜可选用 3 200 K 档,经白平衡调节进行拍摄即可获得较好的效果。这段可用时间一般为 30 分钟左右。

2. 当太阳不在地平线以下时,若按此时的色温来调整白平衡的话,一般选用 3 200 K 的滤色镜,经白平衡调节后再进行拍摄。这样拍出的画面大量地增加了蓝、绿信号的比率,结果是太阳变为白色,而不是旭日东升、霞光万道,大大削弱了艺术效果;若我们直接选用 5 600 K 的滤色片,只要人眼看太阳时,不感觉刺眼,用摄像机直接拍摄,可以得到较好的效果。拍摄日出时,不容易找到 5 600 K 的白平衡调节光源,我们可以在前一天的白天用 5 600 K 的太阳光或人工照明白平衡板调节好摄像机的白平衡,通过机内的记忆电池来保持(存)机内的平衡,第二天拍摄时,就不用再调。

（三）阴天和雨天的拍摄

阴天和雨天既有相同的地方,又有不同的特点,因此这两种天气下的拍摄就有不同的技巧。

1. 阴天时,由于太阳被云雾遮挡,景物的照明主要依靠散射光,地面上没有明显的物体投影,景物的明暗反差较小,光线较为柔和,物体与景物的亮暗区别小。这种天气下,蓝色调占主要优势,光线的色温一般在 7 000 K 左右,较晴天的色温要高,所以摄像机的滤色镜应选 5 600 K＋25％ND 档,然后仔细调节白平衡,可以获得较好的画面效果。另外,还要特别注意阴天时的光线也有细微的明暗过渡层次。太阳光线被大量散射后,物体表面的光线的入射角不明显,但不会绝对失去光线的方向性。首先,在阴天拍摄时,要注意前景的选择。一般应尽量选用暗一点的前景,它能克服画面灰、平的缺点。其次,要注意背景的选择与处理。比如拍摄以人物神情为主的画面时,要让人脸始终处于画面中明亮的区域,背景的色调要比人脸稍深一点,要尽量避免以亮的物体或天空作背景。第三,要注意控制景深。因为阴天拍摄时,光的照度低,人们往往把光圈开大,因此要注意控制好景深,必要时形成虚实变化,使画面生动,表达效果好。

2. 雨天时,室外光线属于散射光的一种。在通常情况下,雨天中拍摄时,摄像机的滤色镜应选用 5 600 K＋25％ND 档,有时,也可以选用 5 600 K 档。在雨天拍摄时,应注意以下几点:一是要设法把雨衬托在晴的背景上,暗的背景是突出雨景的关键,如深色的树丛、墙壁、人群等。拍摄时,要尽量使主体之后的背景靠近些,以突出雨景,并注意尽量避开大面积的亮天空。二是注意选择和利用前景来加深画面效果。因为前景给观众造成的心理感受最近,我们在电视片中常见到的雨水滴落的房檐、水珠溅落的玻璃等就是这个意思。三是注意选择像雨伞、雨衣等明显的雨天造型工具,突出雨天的景色。四是要注意拍摄角度。

(四)雾天的拍摄

雾是由空气中的水蒸气形成的,具有较高的光反射率,所以我们所见的雾是比较明亮的(注意不是透光率高),雾天的光线色温偏高。基于上述特性,在雾景的拍摄中,滤色镜通常选择在 5 600 K 档。在拍摄晨雾时,也可以选用 3 200 K 档,经白平衡调节后再进行拍摄。进行雾景拍摄时,要注意画面景物的选择与合理配置,要尽可能多的展现画面的远近层次,在雾气过大的情况下,这种选择和配置是不可缺少的。

由于雾的亮度较高,所以在拍摄时,要注意曝光量,尤其不要曝光过度,否则会使雾的形象"虚化"消失。另外,一定要注意光线的选择。一般以逆光和侧逆光为宜,并且一般不用自动光圈进行拍摄。

(五)雪天的拍摄

雪天的状况下曝光量需减少 1~2 级光圈,有的还要更多,为此应使用手动光圈控制曝光,以画面中的白雪影调层次最为丰富时的曝光值为准。其次,摄像机的滤色镜应选用 5 600 K+25%ND 档,或者 5 600 K 档。因为,大面积的白雪的色温可达 7 000 K 左右,若选用 5 600 K+25%ND 档,并仔细调节白平衡,可使所摄画面获得好的色彩还原;若选用 5 600 K 并调节白平衡,容易使所摄画面产生偏蓝的效果。当然,这也因摄像机的不同而异。

第四节　案例分析

一、NIKE 广告视频分析

前边我们提到了广告创意文案的写法以及拍摄镜头的技巧,在这里我们选取了 2012 年伦敦奥运会期间,NKIE 公司《FIND YOUR GREATNESS》系列广告中两个风格迥异的广告视频来做分析。尽管 NIKE 并不是奥运会赞助商,但这种打擦边球的形式非常精彩,带来了比赞助商更有灵魂的作品。

视频一

在《FIND YOUR GREATNESS》系列中的两个视频风格不同,视频一在文案写作以及镜头运用都是中规中矩的,运用了大部分电视广告所采取的蒙太奇思维和影视语言,并且配上了精彩的广告词。

图 5.1 创作背景

首先,就是借力发力,借助热点提高自己的热度。在伦敦奥运会期间,选择伦敦为创作背景,使观众自然的将广告与热点事件联系在一起,引起更多话题性,引起更多人的关注。

(1)

(2)

图 5.2 运动画面

然后,定位准确,NIKE 的定位一向是传递全民运动的精神。因此在广告中包含了各种肤色、各种项目。传达了人人都有梦想,人人都可以伟大的积极态度。

（1）

（2）

图 5.3　传递精神

同时，在摄影技巧方面也很用心思。能看到大的场面调度以及光影的配合，无论是长焦还是广角的运用都是很讲究的。难度较大的跟镜头拍摄也完成得很好，能带给观众更强的视觉冲击。

图 5.4　结尾

最后，出现的广告词字幕"FIND YOUR GREATNESS"体现了书面语言和文学语言的特征，并符合电视画面构图的美学原则，具备简洁、均衡、工整的特征。

视频二

视频二则更加侧重创意,在看过 NIKE 太多绚丽的广告之后,这个广告的风格让大家眼前一亮,崇尚潮流、运动的 NIKE 突发奇招,给观众带来了不同的体验,这种反差也给观众带了更多的期待。

图 5.5　背景

首先,用一个空镜头开篇。在一条直通天际的公路上,镜头缓缓往后拉,空空的场景给观众造成了心理期待。

图 5.6　初景

然后,一位奔跑者入画,从最远端跑向观众。此时的画面中场景和人物相对固定,没有太多变化。这使观众的注意力更加集中到了广告词上面。

（1）

（2）

图 5.7　近景

观众会慢慢发现奔跑者是一位普通的肥胖男孩，并且他用足够时间表现完成跑步这一平凡的举动不平凡之处，这正是广告的主题——伟大是一个普通的行为，蕴藏在每一次自我挑战之中。

图 5.8　点题

最后，同样以字幕形式出现的广告词"FIND YOUR GREATNESS"符合电视画面构图的美学原则，与视频一形成统一的风格。

与 NIKE 一贯喜欢使用大牌明星为其代言不同，在这支由 Kennedy 和 Wieden 联手制作的奥运广告中，没有耀眼明星，没有煽情的主题，也没有扣人心弦的竞技画面，只有一条公路，一个男孩，一步一步吃力地奔跑着。但就是这样一支平淡无奇的广告，却在奥运会期间打动了很多人。他叫 Nathan，12 岁，来自于伦敦。他的伟大来源于永不停滞追寻梦想的步伐。

正如这支广告的画外音："Greatness is no more unique to us than breathing. We're all capable of it. All of us."伟大不会比呼吸更特别。我们都能做到——每个人——非常 Nike 的精神。这种精神一直被很好地执行到 Nike 的广告中。

二、视频营销案例

（一）她最后去了相亲角：敢于用充满争议的社会热门话题做广告

用社会热点话题做营销并不少见，但是很少有人敢挑战"剩女"话题。2016 年这支

《她最后去了相亲角》的广告，以普通女性为主角，用非常新颖、直击人心的价值观获得了一片叫好，在发布不到 24 小时内播放量突破了百万。

同时，这也是 SK-Ⅱ所属集团宝洁在广告代理模式上的一次创新尝试。"相亲角"属于 SK-Ⅱ的全球"改写命运"的中国市场活动，整体创意虽然由全球代理商李奥贝纳策划执行，视频制作却被单独承包给了一家瑞典的小型创意机构 Forsman & Bodenfors。这种创新的合作方式不仅节约了市场推广成本，还创作出了更前沿的作品。

图 5.9　相亲角

（二）淘宝二楼：深夜 10 点开始营业的淘宝"夜市"

在电商平台布局内容营销的大趋势下，淘宝的内容化尝试——系列短剧《一千零一夜》显得格外成功。

图 5.10　《一千零一夜》

这个治愈、奇幻风格的短剧在每周三、周四晚 10 点更新，用户只能在夜间 6 点到第二天早晨 7 点下拉手机淘宝首页进入"淘宝二楼"，才能观看这个围绕美食展开的短剧。实际上这是淘宝通过讲故事卖货的另一种尝试——用户可以在观看时直接进入商品页面，购买故事中出现的食物。这种电商导流方式成效斐然，比如第一集《鲅鱼水饺》，截至视频推出的第二天上午 7 点，相关店铺就售出了 34 万只水饺、近 5 吨牛肉丸，销量翻了 150 倍。淘宝二楼仅在深夜开放的形式和贴近都市人生活的短剧内容，让淘宝变得更个性化。在这之后，国内也掀起了一股电商做网剧的潮流。

（三）美宝莲纽约直播：2 小时卖出 1 万支口红

虽然现在打开直播网站看到品牌找明星们直播已经成为日常，但美宝莲是第一个敢在直播上高调吃螃蟹的大牌。

2016 年 4 月，美宝莲纽约在新品发布会中请来了 Angelababy 助阵，并配合全程淘宝视频直播。从堵车在途与粉丝闲聊、到后台补妆时与观众分享自己的美妆小技巧，Angelababy 的每个赶场细节都被收录进了直播镜头中，营造出一种与明星行程触手可及的氛围。

同时，还有另外 50 位美妆网红与 Angelababy 同步直播。从 50 个视角、以自己不同的解说方式向观众展示后台化妆师为模特化妆的全过程。

图 5.11　Angelababy 直播

这场直播带来了超过 500 万人次的观看和超过 1 万支口红的销售额。在此之后，伴随着天猫和淘宝的手机 App 开始不断完善更新直播功能，品牌通过直播卖货变成了今年的电商常态。

图 5.12　美宝莲直播

三、企划脚本展示

以下是南京长木文化传播有限公司为安徽鑫盛企业量身定制形象广告片的完整文案。我们来看一下鑫盛企业形象广告片的文案思路。

（一）做鑫盛企业形象片的目的是什么？

1. 只有一个目的，而且很明确：传递信心

（1）鑫盛要对外界传递信心：

针对普通受众：用鑫盛造车的高标准和责任感，传递大品牌印象。

针对 B 端受众：用鑫盛的产品和布局，传递给经销商好的合作前景

针对资方受众：用企业整体资源及发展规划，传递鑫盛是投资沃土。

（2）传递信心是为了什么？

是为了告诉所有受众，我们有美好未来！

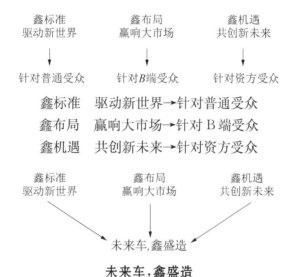

鑫标准　驱动新世界→针对普通受众

鑫布局　赢响大市场→针对 B 端受众

鑫机遇　共创新未来→针对资方受众

未来车，鑫盛造

我们，相信未来

但更相信，美好的未来，不会轻易到来。

所以

我们更有动力，来改变动力。

我们苛求细节，去确保品质

我们善用资源，为创新能源

来吧，就是现在

与鑫盛一起，去看新的未来。

鑫标准，驱动新世

世界向前，创新驱动，新的动力需要新的标准。

如何造一辆高品质的新能源汽车？

鑫盛用苛求自我给出了答案：

（安全新标准）

我们采用强度更高的承载式框架结构车身，

标配安全气囊/ABS/EPS，缩短制动距离，保护乘员，提升驾驶稳定性。

（动力新标准）

同时，全系车型采用合金注塑件，辅以国际品质锂电池驱动，更轻的车身和更

高品质的电驱，保障了更长的续航里程。

（舒适新标准）

我们注重驾驶，更注重乘坐的舒适。

鑫盛汽车采用整车 nvh 静音技术抑制行驶中的噪音，

为乘员提供高档轿车般的舒适体验。

（行业新标准）

推动世界向前，不仅靠驱动方式的改变，

作为新能源产业平台商的鑫盛将智能/科技/时尚/安全的设计理念

贯穿整车的开发

当中，力求用高于业的标准，去匹配时代和市场的需求。

鑫布局，赢响大市场

多元化，平台化的产业布局。

鑫盛汽车目前旗下有针对城市家庭代步市场的精品乘用车品牌鑫盛 e 华，

和助力中国城市点对点末端物流的变革与发展的商用车品牌晓鸽快车。

鑫盛 e 华造型和谐灵动，最高时速可达 65 KM，电动车专用底盘，

轻量化车身设计，高强度铝合金骨架系统，整车安全、坚固、耐久。

作为城市纯电代步新选择，为你带来安心惬意的城市驾驭体验。

晓鸽快车是依托鑫盛多元化的技术积累，打造的纯电安全轿卡，

其乘用车工艺的制造标准为尚不成熟的新能源商用车市场带来层次的提升，给中

国城市"物流最后一公里"提供全新的绿色解决方案。

鑫盛汽车共享母公司沿峰科技 400 人研发团队，乘用商用共平台，

高速低速全覆盖，可抵御市场初期调整风险，双产品的市场布局，

给合作伙伴带来更多的信心，广阔的市场正向鑫盛敞开怀抱。

鑫机遇,共创新未来

新能源汽车产业即将迎来属于自己的历史时刻。

而鑫盛汽车已然站在了风口。

不仅有过硬的产品和广阔的市场,

鑫盛更汇聚天地人三才,成为新能源创投热土。

中国新能源汽车在政策加持下飞速发展,2018 年将突破 100 万台销售大关,

行业将初显规模化效应,鑫盛汽车在新能源商

和乘用市场实现产品的全面覆盖,

[**可谓乘东风,顺天时**。]

鑫盛汽车位于长三角最具投资价值的广德经济开发区,占地 200 亩,

现有员工 300 名,完善的生产制造车间;多种路谱的综合整车测试跑道,物流

仓储中心和宿舍楼等配套设施一应具全,

年产 2 万台整车和 5 万台轻量化车身。

并链接上海/杭州/南京/合肥四大发展中心,

并坐拥长三角优质整车配套资源,

[**此乃居高处,占地利**。]

鑫盛汽车采用多元化人才结构,建立专业人才引进机制,

并与多家校企展开深度合作,背靠母公司沿峰科技让我们具备

更低运营成本/更雄厚的资金支持和更强大的整车正向开发能力,

[**实为聚才气,显人和**。]

天时,地利,人和。鑫盛汇聚天地人三才,正成为新能源创投热土。

鑫盛汽车愿与运营商携手,搭伴资本方,共同拥抱终端客户市场,

同众多合作伙伴一起共创美好的未来。

(三)鑫盛企业形象片时长及调性说明

呈现的效果是电影级的。

采用蒙太奇手法勾勒整体氛围

采用铿锵的音乐表达昂扬的斗志。

对车辆进行动态拍摄,采用航拍纪录大场景。

尽最大限度展现鑫盛企业的优势,产品特点。

共计时长:6 min

图 5.13　创意图一

未来车，鑫盛造

我们，相信未来

但更相信，美好的未来，不会轻易到来。

所以

我们更有动力，来改变动力。

我们苛求细节，去确保品质

我们善用资源，为创新能源

来吧，就是现在

与鑫盛一起，去看新的未来。

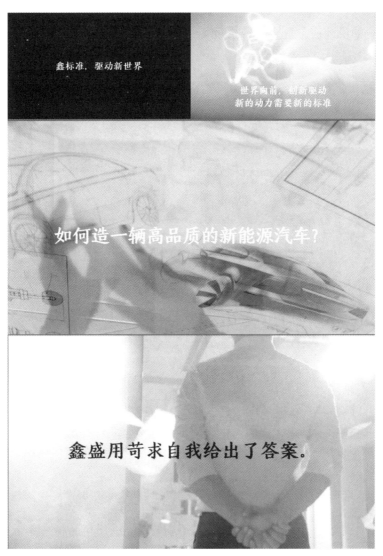

图 5.14　创意图二

鑫标准，驱动新世

世界向前，创新驱动，新的动力需要新的标准。

如何造一辆高品质的新能源汽车？

鑫盛用苛求自我给出了答案：

以下均用电影级摄影机在现场对车结构进行实景拍摄，对车辆行进动态进行航拍。涉及到需要呈现车辆内部结构的，使用特效进行制作。

我们采用强度更高的承载式框架结构车身，标配安全气囊/ABS/EPS，缩短制动距离，保护乘员，提升驾驶稳定性。同时，全系车型采用合金注塑件，辅以国际品质锂电池驱动，更轻的车身和更高品质的电驱，保障了更长的续航里程。

我们注重驾驶，更注重乘坐的舒适。鑫盛汽车采用整车 nvh 静音技术抑制行驶中的噪音，为乘员提供高档轿车般的舒适体验。

推动世界向前，不仅靠驱动方式的改变，作为新能源产业平台商的鑫盛将智能/科技/时尚/安全的设计理念贯穿整车的开发当中，力求用高于行业的标准，去匹配时代和市场的需求。

图5.15　创意图三

鑫布局，赢响大市场

多元化，平台化的产业布局。

鑫盛汽车目前旗下有针对城市家庭代步市场的精品乘用车品牌鑫盛 e 华，和助力中国城市点对点末端物流的变革与发展的商用车品牌晓鸽快车。

图 5.16 创意图四

晓鸽快车是依托鑫盛多元化的技术积累，打造的纯电安全轿卡，
其乘用车工艺的制造标准为尚不成熟的新能源商用车市场带来
层次的提升，给中国城市"物流最后一公里"提供全新的绿色解决方案。
鑫盛汽车共享母公司沿峰科技 400 人研发团队，乘用商用共平台，
高速低速全覆盖，可抵御市场初期调整风险，双产品的市场布局，
给合作伙伴带来更多的信心，广阔的市场正向鑫盛敞开怀抱。

**以下均用电影级摄影机在现场对车辆进行实景拍摄，对车辆行进动态进行航拍。
涉及到需要呈现车辆内部结构的，使用特效进行制作。**

鑫盛 e 华造型和谐灵动，最高时速可达 65 KM，电动车专用底盘，轻量化车身设计，
高强度铝合金骨架系统，整车安全、坚固、耐久。作为城市纯电代步新选择，为你带来安
心惬意的城市驾驭体验。

图 5.17　实拍一

以下均用电影级摄影机在现场对车辆进行实景拍摄，对车辆行进动态进行航拍。涉及到需要呈现车辆内部结构的，使用特效进行制作。

晓鸽快车是依托鑫盛多元化的技术积累，打造的纯电安全轿卡，其乘用车工艺的制造标准为尚不成熟的新能源商用车市场带来层次的提升，给中国城市"物流最后一公里"提供全新的绿色解决方案。

图 5.18　实拍二

以下均用电影级摄影机在现场对沿峰科技及研发团队进行实景拍摄。并采用特效对双产品市场布局进行创作。

鑫盛汽车共享母公司沿峰科技 400 人研发团队，乘用商用共平台，高速低速全覆盖，可抵御市场初期调整风险，双产品的市场布局，给合作伙伴带来更多的信心，广阔的市场正向鑫盛敞开怀抱。

(1)

（2）

图 5.19 实拍三

图 5.20 小结

中国新能源汽车在政策加持下飞速发展，2018 年将突破 100 万台销售大关，行业将初显规模化效应，鑫盛汽车在新能源商和乘用市场实现产品的全面覆盖。[可谓乘东风，顺天时。]

鑫机遇,共创新未来

新能源汽车产业即将迎来属于自己的历史时刻。而鑫盛汽车已然站在了风口。不仅有过硬的产品和广阔的市场,鑫盛更汇聚天地人三才,成为新能源创投热土。

以下均用电影级摄影机在现场对鑫盛厂区进行实景拍摄。并采用特效对表达鑫盛区域位置优势和配套优势等内容进行创作。

图 5.21　环境

鑫盛汽车位于长三角最具投资价值的广德经济开发区,占地 200 亩,现有员工 300名,完善的生产制造车间;多种路谱的综合整车测试跑道,物流仓储中心和宿舍楼等配套设施一应具全,年产 2 万台整车和 5 万台轻量化车身。并链接上海/杭州/南京/合肥四大发展中心,并坐拥长三角优质整车配套资源。[**此乃居高处,占地利。**]

以下拍摄沿峰科技,并采用商务洽谈、招聘、专业人士等内容进行创作

鑫盛汽车采用多元化人才结构,建立专业人才引进机制,并与多家校企展开深度合作,背靠母公司沿峰科技让我们具备更低运营成本/更雄厚的资金支持和更强大的整车正向开发能力。[实为聚才气,显人和。]

(1)

鑫盛汽车愿与运营商携手
搭伴资本方，共同拥抱市场
同众多合作伙伴一起共创美好的未来！

（2）

图 5.22　结尾

第六章 微电影的编导与拍摄

第一节 编导职责

一、编导与导演的区别

编导和导演是经常被大家混淆的两个概念。编导和导演只有一字之差,但却是两个完全不同的职业。当然两者之间有共通的地方,但隔行如隔山,差之毫厘谬以千里。以往我们在综艺节目中提到编导比较多,在影视节目中提到导演这个概念比较多。编导倾向于工作内容的多,而导演倾向于工作内容的精。但是随着新媒体视频、微电影、宣传片等短视频形式大量的出现,编导和导演的功能开始交叉。短视频中往往导演与编导合为一职,虽然署名仍然是导演,但其实工作内容已经不限于导演工作,而是各个板块都要参与、把关。这是由短视频"精炼"的制作特点决定的,由于制作周期相对短,投资相对少,情节相对简单,制作团队的架构体系相对扁平化,因此导演的工作很容易涉及各个板块,所以导演在完成导演工作的同时也进行了编导的工作。

编导是影视行业里十分常见的岗位,编导的工作方向也是五花八门。我们看到的电视节目,诸如《中国新说唱》《创作 101》之类,因为编导的工作内容复杂繁多,节目中的每个版块都需要一个编导甚至几个编导来负责完成。节目中有的版块涉及的专业知识比较多,需要好几个编导的配合才能完成。编导的工作内容包括"选题""文案""脚本""现场控制""后期剪辑控制",而光是一个"现场控制"就包含"拍摄控制""灯光控制""节奏控制""舞美控制"等。编导的工作贯穿于一个节目的始终,从"选题"一直到"成片"都离不开编导。编导一般都是多面手,即使开始专攻一样,但随着工作的磨练也得变得"样样精通"。现在节目组对编导的要求都是"拿得起笔""扛得起机器""做的了剪辑"。

那么能写、能拍、能剪辑其实也是现在电影导演的真实写照,例如 2018 年的电影《邪不压正》中就出现了"导演\编剧\主演\剪辑:姜文"的字眼,说明现在随着剪辑技术的普及,导演、编剧或者其他制作人员只要技术过硬,都可以担任剪辑或承担部分剪辑任务。当今,工作人员需要多元化发展,掌握普通的单一技术很难在社会上立足。尤其是短视频的制作,成本低,花一份钱自然希望雇佣更全面的工作人员。反过来说,导演、编剧本身也要有镜头意识,在创作的时候脑子里就有了成片的画面,所以在遇到微电影这类短视频制作的时候,一般就会事无巨细、包揽各项工作,成为了一名名副其实的编导。

二、编导的职责

(一)前期创作任务

1. 选题

作为微电影的编导,首先要对题材、主题进行选择。选择依据一般有以下几点:第一,故事的时代背景;第二,话题的深度;第三,影片的受众;第四,摄制经费以及技术条件。

2. 构思脚本、确定拍摄方案

编导自己构思剧本或者与编剧共同构思剧本,围绕确定的题材与主题进行剧本的创作,然后由编导进行分镜头脚本的创作,最后再整理成拍摄脚本。然后由编导亲自或者负责之下确定拍摄方案。

3. 拍摄前的准备

拍摄前准备工作的充分与否,直接关系拍摄能否顺利进行。一旦开工就无法回头,由于准备不足引起的麻烦会非常打击团队的士气,因此前期准备务必充分。拍摄前的准备工作主要包括:

(1)筹建摄制组,进行合理明确的分工。

(2)对演员、场地、环境、服装、道具等充分了解。

(3)拍摄设备、器材,相关配套硬件的准备。

(二)拍摄中的任务

现场拍摄是视频制作中最复杂的一个环节,这个环节中参与人数最多,要协调的事情最多,现场变数也最多,方方面面都要考虑周全,并且要随机应变。现场的场工、场记、导演、副导演、制片、剧务其实都是在进行着编导的工作,尤其是短视频的成本比较低,每个工作人员都要兼顾不同职务。编导在此期间的工作内容包括:外联,落实拍摄地点、时间等具体事项;对内统筹,安排拍摄进程;与演员对戏、场面调度、指导拍摄,等等。

(三)后期制作任务

后期制作是影视制作三大环节之一。后期起着承上启下的作用,实现编导的创作意图并进行二次创作。编导对后期制作严格把关是十分重要的,编导要从以下几点把关:

1. 重新检查分镜头脚本,将现场拍摄改变的地方在脚本上改过来。因为分镜头脚本的叙事顺序就是成片的镜头顺序,所以剪辑师一般会把分镜头脚本当作剪辑依据。

2. 明确创作构思、细化要求。哪些地方是要重点突出的地方,如何浓墨重彩地渲染。哪些地方是要一带而过,但要交代清楚。尽管剪辑师在剪辑时会有二次创作,但是编导要提前与剪辑师沟通剧本方向上的要求,以免南辕北辙,做重复劳动。

3. 指导剪辑师把握声画配合、剪辑节奏、配乐风格等。往往微电影的编导在前期策划的时候就已经对成片的节奏、配乐有了比较明确的期待。甚至编写脚本的时候,脑子里就已经铺上了某旋律的背景音乐。这种目标明确的情况下,编导应该向剪辑师直接表明自己的需求,提高工作效率。

4. 把控特技、字幕等技术手段的使用。微电影的片头、片尾、特技、音效、字幕等都要有统一的包装风格,同时还要符合影片的主题。这些元素加入的目的是锦上添花,如果风格不一或者不符合主题就会变得格格不入,使观众感觉跳戏。

5. 审片。认真完整、全面地把关、检查,包括片尾的字幕都要严格审核。

第二节　企业微电影概况

一、企业微电影的概念

企业微电影是指企业围绕自身相关信息,进行自我形象塑造的微电影。企业借助新媒体的传播渠道和传播形式将自己的精神理念、产品信息等传达给观众。

新媒体时代的来临为微电影创作提供了历史性的机遇。微电影与商业宣传的结合是新媒体时代影视创新、创意、创收的新形态。生活节奏的日益加快,工作效率的不断提高,人们的空余时间变得越来越碎片化,新媒体就是迎合了大众碎片化时间的需求而登上历史舞台,新媒体视频自然也符合大家碎片化时间的需求。企业微电影也是企业传播在新媒体历史背景下应运而生的,这是电影产业的创新,也是企业传播的创新,是时代赋予影视业、企业共同的创新理念。企业微电影既有企业专题的宣传力,又有影视广告的感染力,企业微电影在两者的基础上加入了故事情节,使整个片子引人入胜,宣传与趣味二者得兼。

二、前景分析

企业宣传自己的方式慢慢从宣传产品、功能向宣传形象、理念演变。企业的宣传手段也慢慢从传统媒体的传统模式向新媒体下的新模式转变。企业形象的塑造与企业实力的展现已成为企业在市场竞争中脱颖而出、赢得青睐的一种有效手段。随着大数据的全网覆盖,企业硬实力变得透明化,合作伙伴的选择很多时候看的是企业情怀、理念等软实力因素。企业微电影正是展现企业态度、企业情怀的最佳选择。企业微电影以商业诉求为支撑,以影视手段为载体,伴随着叙事的展开、情节的推进,使观众在寓教于乐的氛围中了解了企业的文化和产品。在新媒体时代的便利条件下,企业微电影具备了新媒体传播的优点，以全新的制作理念，打破了传统宣传模式的刻板，成为了一种新兴的广告模式。

企业微电影打破了传统宣传方式的壁垒，效率高、信息量大、渠道广。越来越多的公司、个人、团体、企事业单位拍摄自己专属的微电影。企业微电影的制作行业必定会迎来一个新的春天。

三、独有的优势

（一）信息量大、选择面广

企业微电影可以将自己的底蕴、精神、愿景、商品、售后等诸多因素全部表现，也可以选择其中一项或是几项深度体现。编导可以通过企业微电影中的每个情节来体现企业广告的诉求，包罗万象还是突出一项取决于当下企业的宣传战略。

（二）形式多样、广告效果好

企业微电影宣传企业产品、产品功效以及产品体验的方式多种多样。广告诉求可以在影片中以道具的形式出现，可以反映剧中人物的使用效果及体验感受。影片通过剧中情节的描绘传递给消费者，产生心理互动，对企业或者产品产生认同感、亲切感。企业微电影营造的轻松自然的观影环境，使观众消除了惯有的排斥广告的态度。即使发现是广告，也会因情节的有趣而持默许态度，但凡事不能过度，太频繁的出现广告就会让观众频频跳戏，最终放弃观看。所以企业微电影重在以潜移默化的方式对观众进行深远的影响。

（三）独有的艺术性

企业微电影集艺术、广告、媒体之大成。企业微电影既是对企业的真实表现，又是对企业的艺术表现。企业微电影既有企业专题的宣传力，又有影视广告的感染力，并且在两者的基础上加入了故事情节，引人入胜。

（四）深远的影响力

企业微电影传借助新媒体的传播特征具有播能力强、受众数量大、话题性强、接触频率高等特点。同时，企业微电影借助影视艺术的特点，其反应的内容信息能够对观众影起到响时间长、影响程度深的作用。企业微电影潜移默化将形象塑造通过形象、生动的方式切入到观众的生活中来，成为企业最有效的广告宣传。

（五）灵活的传播方式

新媒体传播在现代人碎片化的时间里无孔不入，微电影又因其独特的吸引力更为大众接受。微电影作为一种艺术形态传播，与其他传播形式相比较更具有生命力，它可以在任意客户端循环播出。微电影能给大家带来乐趣，不仅限于出现在客户端，通过观众的口碑产生二次甚至是多次传播。

四、注意事项

虽然企业选择微电影的方式进行形象塑造与企业、产品宣传是大势所趋,但也不能盲目跟风,人云亦云。企业要做针对自身情况定制的微电影,并在确定做微电影之前注意以下事项:

(一)企业要有清晰的品牌和定位,微电影情节与品牌、产品定位相符。

(二)企业要挖掘潜在客户,微电影话题要吸引自己的目标消费群体,这样的微电影才能起到精准营销的作用。

(三)找到合适的营销代理机构。微电影的策划与营销是两个概念、两块工作内容。企业要对微电影的制作水准和市场营销能力两方面进行考核,或者选择两家机构各司其职,绝不能顾此失彼,以期达到预期营销目标。

(四)建立营销效果考核标准。对微电影的营销效果采用点击率和和转发率来衡量是一种办法,但微电影传播效果与营销效果之间的具体关系还是要进一步精确的。企业与相关从业人员应继续加强考核标准的精度。

第三节　广告植入

"植入式广告"是影视、综艺等节目中常见的营销方法。在影视剧情中、节目进行时恰当地将企业产品或服务融入情境,以达到潜移默化的宣传效果。

一、主要形式

(一)台词表述

在影片台词中出现企业品牌或者产品。冯小刚导演的电影《一声叹息》中,徐帆扮演的妻子在电话说:"过了安慧桥左转,就是'欧陆经典',牌子很大,一眼就看见了!"这是为欧陆经典做广告。《大腕》中"不是开奔驰就是开宝马,你要是开一日本车,都不好意思跟人打招呼"像这种能成为经典对白的台词,被观众广为传颂,其广告价值无法估量。

(二)道具植入

以道具的形式直接出现是植入式广告最常见的方式。比如电影《芳华》中,文工团解散时,饭桌上的剑南春酒。刘峰退役后去文工团,经过可口可乐广告牌。电影《手机》中每几分钟就会出现一次摩托罗拉手机等。

（三）场景提供

旅游推广也常以植入式广告的形式出现。电影《非诚勿扰》掀起了北海道旅游热，泰国旅游的空前火热离不开《泰囧》的推动，《庐山恋》算是庐山最早的植入式推广。

（四）题材植入

以现实品牌真实故事为依据，展现其心路历程、文化理念、兴衰起伏、转折事件等，用来提升品牌知名度。电视剧《大宅门》《大清药王》中都植入了同仁堂药店的故事。尽管没有明显的企业营销行为，但故事本身已经起到了很好的宣传作用。同仁堂的知名度也大幅提升。电视剧《天下第一楼》则以全聚德烤鸭的发展作为故事原型，展现了全聚德烤鸭店从无至有、由小到强的心路历程。《天下第一楼》播出后，全聚德烤鸭销量大幅上升。

（五）音效植入

通过声音进行植入式广告。利用辨识度较高的旋律、歌词、画外音等引导观众联想到特定品牌。不同品牌的手机铃声都不相同，在观影过程中，观众听到熟悉的铃声就能联想到品牌。在电视剧《爱情公寓》中，关谷神奇在看电视时，传来某保险公司的电视广告声音，虽然观众看不到电视画面，但此保险公司依靠声音做到了广告营销。

（六）扮演角色

企业品牌或者产品在剧情中不是道具，而是活生生的角色，成为剧情推动不可或缺的因素。它一改植入元素边缘化的常态，形成了深度的嵌入式广告。动画片《海尔兄弟》利用企业的吉祥物海尔兄弟做主演，对当时那批观众而言，在其心目中根植下难以磨灭的印象。

（七）文化植入

文化植入是营销的最高境界，其涉及面之广、影响之深无法估量。它的植入对象不是某个品牌或者某种产品，它植入的是一种文化，通过文化渗透的力量，宣传其文化背景下的大量产品。韩国电视剧《大长今》通篇的介绍建筑、伦理、针灸、服饰、料理等文化符号，使这些文化符号深入人心，使韩国文化进入中国。近些年，韩国不断地将电影、综艺节目、电视剧传入中国市场，目的就是在文化植入的前提下实现文化进入的目的。

二、程度划分

（一）浅层次植入广告

这种广告植入形式主要有两种——前景植入和后景植入，镜头可以用商家产品作为画面前景背景，这样，产品的包装和商标便可以被识别。这种方法的局限性是产品曝光时间短暂且孤立呈现。浅层次植入重点是被摄商品的摆放要明显,但由于商品与剧情发展关联不大,也不能推动剧情发展,因此对观众的吸引力不强,观众的记忆度不高。

(二)中层次植入广告

这种广告植入主要是,演员在表演时使用商品或商品包装作为道具,以此吸引观众的注意力。拍摄时,需在画面中央聚焦体现商品的独特卖点、商品的材料和商品品牌的广告牌。通过为剧中角色安排涉及商品的情节,向观众展示商品用途,或为剧中人物设计提及品牌的对白,用台词、行动等反映出商品的特点。中层次植入的特征是将被摄产品放置镜头焦点位置,人物性格、剧情发展以及情节与商品在画面中停留时间较长没有关系。

(三)深层次植入广告

这种广告植入主要是剧情置入和人物性格置入:找到商品功效与剧中情节、人物特点的结合点。可用商品作叙事的重要线索,或在影片的重要之处安排与商品相关的剧情桥段,由此让观众深刻了解商品使用特点和品牌的精神内涵。其特征是品牌或商品既有充足曝光,又演示了产品用途,还有台词烘托产品特点,最重要的是品牌完全融入了剧情。随着剧情的发展和人物命运的起伏,观众对品牌或商品不断加深印象。

三、优缺点

(一)优点

形式多样、灵活,渗透力强,吸引赞助商的追捧。

首先,植入式广告在受众上,数量上都非常庞大。有报道称,能吸引电影广告(包括贴片广告、植入式广告)的影片,只有上映 2 万场,上座率在 70% 以上才可以,这也正说明了植入式广告的受众数量庞大。以成功的商业电影《战狼》为例,有大部分观众进入院线观赏,也有许多观众在电视或者网络上观看,还有部分受众通过相关新闻报道了解,可以说植入品牌与受众的接触率非常可观。

植入式广告除受众数量之外,更大的优势在于它的"接触质量",也就是说,品牌在现有媒介状况下,能够争取稀缺资源。受众对隐性广告的抵触与拒绝,会因其恰当的融入情节和适时地随机出现而减少。就如业内人士所说,电视频道掌握在观众手中,而当他坐进黑漆漆的电影院时,就不能不接受你的广告,这就说明了植入式广告在本质上,属于一种强制性广告。

植入式广告在消费行为方面,对受众的消费行为形成一定的影响,不管是在传统媒体还是在新媒体中,只要是声画兼具的媒介都会给观众带来直观的影响,产生直观的引导示范。例如施瓦辛格的影片中,将某品牌皮卡与"坚毅和果敢"联系起来,既有丰富的品牌联想,又取得了大众的肯定,因此提升了品牌价。这种潜移默化、润物无声的提升品牌影响力的方法是商家最喜闻乐见的。

（二）缺点

当然，植入式广告也有不可忽视的缺点：

第一，较小的品牌适用范围。影片毕竟以叙事为主，大多数商品与影片叙事并不相关，即使找到相关诉求点，一般也是牵强附会，有些跳戏。所以产品的出镜时间非常少，观众必须在短时间里，记住产品外形、品牌或产品包装，因此植入式广告在多数情况下仅适用于知名品牌。所以说，投入这种广告还需要有知名度的配合。某些导入期的商品或新进品牌可以在综艺类节目中，利用冠名广告提高知名度。

第二，较低的品牌说服力。短暂的产品镜头无法附带太多的相关信息，产品客观的功能诉求无法实现。某港片中有一幕，男主好不容易接通女主的电话，手机却没电，借此机会，女主朋友（手机是女主朋友的）展示了这款手机的特殊功能，他一边熟练地拆装着手机电池，一边说道："因为最近我们公司正在设计这种手机的广告，所以我比较了解它的功能，可以用普通电池替代锂电池，换上干电池就行了。"这样的方式显然打乱了节奏，就像推销广告，这样的植入让观众感到生硬。

第三，植入容量有限。在影视剧中植入产品广告必须有个度，否则会使观众反感。在现实中，受众对"广告"非常敏感，一旦受众认为关于产品的信息内容是"广告"，便会自觉地抵制和厌恶，最终上升为他们对正在观看的影片的抵制和厌恶。

最后，一味地追求市场利润将会导致广告无序、过度植入。过度植入广告将会引起作品节奏的混乱以及主题的涣散，这是植入广告影片的最大缺陷。植入广告常常会令观众反感和抱怨，毕竟荧幕上常出现的产品和大家紧密联系，非常容易影响大家的注意力，从而影响了影片叙事原本的思路，使得影片档次降低，导致主题模糊。

（三）运用要点

运用植入式广告进行品牌传播时，应重点考查以下几个环节：

1. 考虑目标人群

不同的影视节目面对的观众不同，每一类主题基本对应固定的收视人群。所以在选择植入的时候必须要考虑产品的功能对节目的受众是否有吸引力。在这之前必须弄清楚这档节目或者影视剧面对的观众是什么群体。如果在以老年人为主要观众的节目中投入新潮的计算机广告，那么广告效果必然达不到预期目标。

2. 考虑品牌特点

产品信息的植入属于比较有效的广告传递，并不是所有商品使用此种方式都会取得理想的效果。因此要明确商品的特点，看看能否挖掘出商品适于植入的信息，在影片中出现时既给观众留下深刻印象又不扰乱剧情推进。另外，植入的传播方式较一般广告而言更为隐蔽，因此有一定知名度的品牌更适合这种方式。并不适合那些在品牌导入期的新品牌，新品牌商品的植入可能根本不会引起消费者的注意。

3. 广告难点

情节叙事与广告信息的有机结合。如果过分注重情节叙事，广告的营销效果便会大打折扣。相反,过分注重广告推销,又会扰乱情节叙事。于是植入式广告要么被情节干扰,要么干扰情节。将二者有机结合,使广告信息自然地融于情节叙事之中,使情节叙事的过程中移默化地将广告信息向观众进行营销,才能获得较好的传播效果。这就需要赞助商与编剧、导演进行充分地沟通,将情节叙事与广告信息有机结合。

为避免过度商品化、各广告之间相互干扰以及引起观众对广告的抵制,需要在影视剧或节目内容中严格控制广告植入的数量,现在已经有不少人,从广告伦理和广告法规的方面,对植入式广告是否合理提出置疑。或许有一天,植入式广告也会被观众告上法庭,就和《英雄》贴片广告一样。

植入式广告效果具有不可预见性,很难评估广告收益。只能凭经验(如考察导演、剧本、演员阵容以及制片方推广能力)对广告进行议价,以后可以用动态方式议价,将广告价格确定在一个基价上,与实际的拷贝发行量、上座率、收视率等相关,从而更为科学的进行测算和核算。

植入式广告可以和显性、软性广告相结合,可以强化品牌形象或扩大对品牌的影响,例如在某电影的宣传海报上专门有一定的篇幅是留给赞助商的,然后赞助商和主办方共同操办观众见面会,所有的粉丝在进入影院前就已经和赞助品牌有了接触,并产生了好感。除此之外,还可使影片受众之外的人群成为接触人群。植入式广告可以与 SP 活动配合进行,例如,在首映现场,赠送观众礼品或产片小样等,用以加深观众对品牌的印象,提升品牌的好感度。

第四节　构图与逆光

一、认识画面构图

在影像画面构图中,分为主体、副体、前景、后景、环境等。画面主体表现是否成功、主体与陪体等相互之间的关系是否处理得当,都决定了构图处理的好坏。

(一)主体,是镜头中所要突出的对象。一般位于构图的中心点或者黄金分割点,是体现画面信息与情节含义的主要载体。它可以是某一个或某一组被摄对象,主体不一定是人,也可能是物。

(二)副体,指在画面上与主体关系紧密相联,并与主体组成特定关系的对象,副体能够帮助主体在镜头中表现情节含义、体现主题思想。

(三)前景,指电视画面中,位置在主体之前,与主体分开或者部分遮挡的人或者物。此时的人物或景物被统称为前景,根据剧情需要,对前景进行虚实变化。前景有时是副体,是可以动的人或者物体,有时候是固定景物,是环境的一部分。

(四)后景,指电视画面中,位置在主体后边,与主体分开或者被主体部分遮挡的人或者物。此时的人物或景物被统称为后景,根据剧情需要,对后景进行虚实变化。后景有时是副体，是可以动的人或者物体，大部分情况下是固定景物，是构成环境的重要部分。

（五）环境，在画面中，主体之外的人或者物统称为环境。因此环境便包括了前景、后景和背景。当环境是固定物体时，环境组成比较简单。当环境中有运动物体时，可能会随着物体的运动，环境中的前景、后景和背景关系发生变化。因此环境也不是一成不变的。

二、正确处理逆光拍摄

当光源位于被摄主体后边的时候称为逆光环境。在逆光环境下进行拍摄属于正常情况。逆光环境下，被摄主体偏暗，如果只要呈现被摄主体的轮廓，并不在意被摄主体的色彩与细节，那么逆光环境下可以直接进行拍摄。反之，则需要对逆光环境进行一系列处理。处理逆光的方法有：

（一）逆光补偿功能的使用

现代的数码相机、摄像机中一般都有逆光补偿功能，利用这个功能可以使被摄物适度变亮。在逆光环境拍摄之前，在菜单栏里找到拍摄模式选择界面，再选择逆光补偿模式就可以了。拍摄之后，如果忘记取消逆光补偿模式，影像在顺光条件下就可能会曝光。因此拍摄完要记住再按一下逆光补偿键，指示灯消失，逆光补偿状态就解除了。

（二）调整构图和光圈

逆光补偿虽然能够改善被摄主体的亮度，但是或多或少也会降低图像质量。我们可以用另外的方法——改变构图或手动调节曝光，降低画质的劣化程度。如果被摄主体背后的光源或有明亮的背景包含在画面的构图中，在自动方式下，摄像机会出现高亮度区域的曝光量合适的情况，这时人物或景物就会较黑，整个画面的对比度就会过强，细节部分也就不能完美地表现出来。

遇到这种情况，最好合理地调整构图，尽量避免构图中包含主体背后的光源、过于明亮的背景。为使人物或景物能够完美地表现出来，需同时把自动光圈改成手动光圈，调整光圈时根据所要表现的人物或景物来调整，并且校正曝光量。

（三）利用辅助光

在进行逆光拍摄时，增加辅助光可以使被摄主体亮度合适。可以借助反射板，将主体背面的部分光反射回到主体上，还可以在摄像机的旁边加一盏灯。这样就不会拍出剪影了，而且非常具有特色。辅助光的处理，不仅将被摄物体的细部清晰地表现出来，而且强烈的逆光又能够完美地勾画出它的轮廓，还可以衬托人物。

（四）运用逆光拍摄特殊效果

在直接逆光拍摄且不进行任何处理的情况下，也可以拍摄出一些另类的、独具风格的影像。逆光有很强的空间感和立体感,能够表现空气透视现象,表达空间深度及环境氛围。如在郁郁葱葱的树林里,太阳光线从树叶的缝隙中透出来,形成了一串串圆圆的光晕,按下快门就是一个富有诗意的画面。

三、加强拍摄的稳定性

电视画面强调稳定性主要指镜头变换和保证画面稳定,而不是排除镜头的移动变换。当然,加强拍摄的稳定性最为理想的方式就是三脚架的使用。在摄像不使用三脚架的情况下,为保证画面稳定,要注意:

(一)尽可能用变焦镜头的广角焦段拍摄,尽可能减少使用长焦。

(二)当摄像时利用摇镜头,要尽量保持水平移动且缓慢移动,以此保证画面稳定。若出现跳跃式的突变,会使观众产生厌烦感。

大家在拍摄中要认真体会,总结经验,提出一些具有新意的拍摄方法和技巧。拍摄之前,需要选择好角度和机位,将被摄主体安排整齐。否则在摇镜头时,会因被摄物位置不正而造成"画面不稳"的错觉。摄像过程中,进行推、拉镜头的操作前,要多试拍几遍,找到机器操作与被摄物最好的配合方式,避免摄制过程中产生"画面跳跃"感。

总而言之,想要通过使用三脚架使所摄画面稳定,就要掌握三脚架的所有性能,并且达到熟练调整各个按钮、零件的水准。在灵活运用三脚架进行辅助拍摄的同时,还要确保镜头摄制的稳定。想要在作品中加入丰富的制作元素,就需要掌握更多的拍摄技巧。

第五节   完整流程及案例展示

一部完整的视频作品需要有完整的制作流程。前期准备工作,就算是整个摄制工作的开端。

一、前期准备

选定所有创作人员之后,不同部门根据分工进行各自的筹备期工作。我们分别看一下不同部门地前期准备工作有哪些:

(一)导演部

导演对剧本的润色。事实上,导演不会完全按照剧本进行拍摄,除非剧本的创作者是导演。分镜头脚本由导演创作,导演在其中体现创作意图。在创作上,导演需与各主创人员进行沟通,统一艺术设想,合理指导筹备工作。为使创作思路一致,导演在正式开拍前,面对全体人员进行导演阐述。创作人员在导演的带领下看景和定景,在预计的拍摄场地,导演与摄制组主创人员提前沟通并设计拍摄方案[1]。

为帮助演员深入角色和熟悉剧情,培养演员自己与合作表演对象的默契,导演会给演员集中讲戏。不同的筹备工作需要分工负责,因此剧组的副导演不只有一位,如执行导演、A\B组导演、演员副导演等,他们都在各自的负责领域发挥作用。

（二）摄影部

摄影师要对戏里的拍摄手法提前进行构思,灯光师要对布光方式有所安排设计,因此他们要和导演一起看景。摄影组、灯光组要分别整理出摄影器材清单和灯光清单,拿到租赁来的器材后,要进行检查试用。

（三）美术部

为使所有工作人员创作思路的统一,在电影美学方面达成共识,美术部门要对服装、化妆、道具、美术、置景各个部门在创作上进行指导设计。

美术师会将合适的景地照片带给剧组供导演选择,并陪导演、摄影等部门一起看景定景。为方便集中拍摄,选择适量的景地,景地之间距离短,并且集中分布。拍摄现场的准备,由道具、置景、美术部门合作完成。在没有实景拍摄条件的情况下,需要进行人工搭景。

服装部门负责设计演员服装,化妆部门负责设计演员妆容。道具部门、服装部门、化妆部门需分别整理出道具清单、服装清单、化妆用品清单,并交给制片组去购买和租赁。

（四）录音部

录音师要对景地的录音条件有所了解,如此便要与导演等部门一同看景。录音师要与导演进行沟通,了解并计划制作影片整体的音效。录音部门整理好所需的器材清单交由制片组去租赁或者购买,收到器材后,首先进行检查试用。

（五）制片部

剧组的拍摄计划和管理规定都是由制片部负责的。部门主任需要了解景地的食宿条件、交通条件、气候条件等,能够合理安排拍摄计划,积极调动工作人员配合工作,因此他们要和导演一起考察现场,并选择符合剧本要求的场地。与此同时,部门主任要与场地负责人就具体拍摄情况进行沟通,争取做出最高效使用规划,并最终与其签订使用合同。

制片部门工作人员需整理出整部影片的分场景表以及分场景排序表用于拍摄过程中的场景安排,还要整理出演员出场统计清单、场景统计清单等。印发相应数量的剧本,分别给各个创作部门、主要演员以及配角。每个部门都要确保有几套完整的剧本,戏份极少或者戏份简单的演员不需要完整剧本,有出场次序表即可,这部分戏份的完成

---

[1]　《电影前期、拍摄以及后期工作》,丁一凡,http://blog.sina.com.cn/s/blog_82cb1ad80101gy06.html.

主要靠执行导演即时的调度,并不需要演员提前做太多准备。

除此之外,制片部门还需要负责:

1. 提前准备各类部门配合、场地使用的介绍信、资质证明信等。
2. 根据各部门提供的清单,租赁拍摄器材,然后进行检查、试用。
3. 为剧组安排住宿、交通,联系好饮食,做好后勤工作。
4. 财务人员整理好报销单、收据和结算清单等。
5. 每位剧组人员的工作证、每辆车上的剧组名牌等都要准备好。
6. 监督各部门各准备工作在开机前安排妥当。
7. 开机仪式的准备。

二、签订合同

电影筹备期,为了确保能用法律约束各合作方,需要签订以下几类合同、协议:

(一)导演合同。

(二)演员合同。

(三)其他工作人员聘用合同。

以上三项特别注意工作周期、影片质量、版权归属、薪资标准、纳税方式、违约处理等重要事项。

(四)服装、道具、场地、车辆、器材等租赁合同。

(五)临时用工合同。

(六)赞助合同。

(四)、(五)、(六)这三类合同都要注意规定合同双方责任、权力、利益分配和违约责任的承担方式。

(七)人身保险合同。

组建摄制组时,定制何种保险需根据剧组的具体情况而定。

三、器材租赁

(一)器材对一部影片来说,虽不起决定性作用,但也是必不可少的设备,更是影片的质量保证,所以要选择实用有效的器材配备,不可有对器材的崇拜主义。

(二)在控制租用成本的前提下,保证器材的高质量。

(三)领取器材时要细心检查,派专人检查器材设备,并且要在器材公司人员的面前检查,以防出现纰漏。

(四)为保证重要、价值高的设备安全,需要安排相关工作者进行全程维护,也就是安排跟机员。还要监督设备的使用、保管以及清理方式。此外他们也会做一些其他的事情,如跟焦、推轨。

(五)拍摄计划应考虑周全,租金昂贵的器材要重点保护,另外这种高成本器材不宜放在摄制组里太久,因此租金较贵的设备可以集中使用。

(六)运输时的安全保证。

四、拍摄期的主要工作

（一）控制成本与管理财务

拍摄期间，每一笔经费开支都要由制片主任严格审核。制片主任在会计的协助下，管理摄制资金，按时发放工作人员的酬金，整理出剧组账目。每个部门的报销事务要有经办人、所在部门负责人以及制片主任的签字，才能够报销。剧组购买的器材、道具都要由制片部门进行验收和登记。这样就能合理地控制预算。

（二）组织督促拍摄

制片主任在编制拍摄计划时，要与副导演进行协商，避免拍摄计划成为空谈。为确保拍摄计划按时完成，需在拍摄期间采取一切措施来克服重重困难（如联系拍摄场地、装卸道具器材、接送演职人员、检查安全措施等），尽可能创造拍摄条件。若在拍摄过程发生意外，甚至严重影响到拍摄进度，制片部门应尽可能以最快速度对拍摄计划进行合理的调整，并组织人员实施调整后的计划以及解决困难。必要时可以向投资方汇报，寻求帮助。

（三）制定每日拍摄计划

每日计划的制定需要综合考虑各种因素（如天气、演员调度、场景准备、道具准备等），合理安排内外景以及日夜戏的工作量，避免不合理的拍摄工作使演职人员过于疲劳。及时下发拍摄通知单，防止耽误拍摄计划。

（四）拍摄现场的组织管理

导演一般只负责艺术创作，并不负责摄制过程中的纪律与秩序。现场的管理工作由现场制片负责。为有效组织现场，制片部门需要了解接下来拍摄过程中，所有镜头的拍摄角度以及取景范围。

（五）安全管理

安全管理主要包括人员安全和财产安全两部分。具体有人员安全、饮食安全、交通安全、驻地安全、场景安全、器材安全、经费安全、特级安全、疾病及其他安全事宜。

（六）后勤管理

后勤管理虽然烦琐，但也很重要。主要是交通、餐饮、住宿等方面。饮食供应要遵循保证拍摄工作顺利进行的原则，根据具体情况适当采取灵活方式。

住宿地址应选距离拍摄现场近，交通相对便利、出入方便以及拥有充足车位的停车场的地方。

1. 房间必须干净、安全、安静，使工作人员能够安心休息。

2. 按部门安排房间,生活习惯相似的人尽量安排在一起,可以避免纠纷。

3. 尽量给制片人、导演、主演独住房间,方便静心工作。

4. 安排专门的服装间、道具间、化妆间。

5. 给剧组安排一间专用的会议室,便于集中讨论。

6. 将部门标志贴在每间房门上,方便辨认,不易走错。

交通应注意:租赁车辆遵循实用的原则,选择有剧组经验的租车公司。车辆不可单一,需大小搭配,方便根据具体情况进行车辆调度。若场地在禁行措施较多的城市,最好选择租军车,无关人员严禁驾驶剧组车辆。

(七)工作关系协调

制片管理者想要充分发挥管理能力,就需要掌握电影的各项专业知识以及一些艺术创作知识,熟悉各部门的运作规律。因为在剧组里,制片管理者总会遇到不同工作方式和性格的导演或其他工作人员,管理者的工作也会因这些人受到影响。制片管理者面对摄制群体必须实施一系列艺术管理手段,所以制片管理是一门管理艺术。

五、后期制作中的主要工作

(一)剪辑画面和对白

进入后期制作的第一项工作就是剪辑画面,一般我们将画面剪辑分为两步:初剪和精剪。

初剪结束后,剪辑师面对的是一堆原料。想要成为一名优秀的剪辑师,就要对这堆原料进行加工——精剪,从而创造出令人赏心悦目的视觉效果。因此精剪是一项具有创造性的工作,剪辑师需要具备蒙太奇思维,熟练掌握蒙太奇语言。

(二)制作声音

后期录音工作分为录制对白、录制音乐、录制音效。录音师经过导演的艺术指导,影片的声音造型才能确定。从录音部门的工作方式来说,又分为同期录音和后期录音。

同期录音是指对白和音响在拍摄现场与画面同步录制。在现场录制时,声音效果不佳,可以当场补录,也可以后期录音时再进行补录和加工。同期录音的优点是声音真实感强,演员不受限定台词的约束,有很大的发挥空间。其缺点是对拍摄现场的录音条件要求较高,录音条件不好很容易导致重拍。

(三)制作特技、字幕、片头片尾

在非线性编辑中,画面编辑全部完成后再添加字幕和特技,或者在编辑画面的同时添加字幕和特效。制作字幕主要有制作片头片尾出现的演职员表和剧中人物的对白、独白。字幕中不能出现错别字,且必须按照国家规范的语言文字和播出单位对字形、位置等要求进行制作。

（四）混合录制

将影片中所有的画面、声音按照应有的位置和效果混合录制就是混录合成，影片最终的面貌定型是在混录合成之后。

六、微电影脚本展示

我们以 2017 年"我心中的思政课"全国微电影大赛一等奖作品为例，看一下画面内容与声音以及场景选择、景别等之间的处理方式。

（一）微电影《永恒的约定》拍摄脚本初稿

演员：

马　　路……………………	殷加龙
王　　华……………………	张志辉：马路大学舍友、工作后行贿者
吴　　凡……………………	朱　涛：马路大学舍友
丁　　宁……………………	王业方：马路大学舍友
古装老师……………………	王业方：假想中的老师、反面形象
野蛮老师……………………	徐明明：假想中的老师、反面形象
李　　璐……………………	谢　晶：马路大学班长
辩论赛老师…………………	李老师：现实中的老师、正面形象
参观老师……………………	魏老师：现实中的老师、正面形象
同学若干……………………	孟凡智、赵超群、贾德利、马胜坤、杨贵兴、胡乐

表 6.1　《永恒的约定》脚本

	画面	声音	场景	镜	备注
PART1 王华在马路办公室行贿					
1	耸入云层的写字楼。	街头车水马龙	高楼	远	
2	马总（马路）告诉客户（王华）质量不达标。	马路：这是信誉问题，我可以饿着，但良心不能空着。	马总办公室内，办公桌两侧面对面坐	中	王华不露脸，保持悬念
3	拒绝与其签约。			中	
4	客户贿赂马总，将装有一打钞票的信封放在办公桌上。	王华：老交情了，你看…… 马路：这与交情无关…… 王华：那…… 马路：质量不达标，绝对不可能！		特	相似性转场转到宿舍
5	马总拒绝贿赂。			中	
6	与客户推辞之，人民币散落一地。			特	
7	王华的手去捡钱，都是 100 的。			特	
PART2 马路大学宿舍的四人片段					
8	王华捡宿舍地上的钱，门口出现一双脚。				

（续表）

	画面	声音	场景	镜	备注
9	班长往马路宿舍地上看了一眼、自言自语。	李璐:中彩票啦?	宿舍	特	吴凡,丁宁在一起看电脑。王华,马路各自在收拾桌子。
10	又朝大家问。	李璐:你们谁中彩票啦?			
11	大家呆呆望着她。	大家:呃～		全	
12	满地人民币,除了100还有50的20的。	王华(舍友一):我就好奇,抢了一下,就～			
13	大家僵住,王华打破僵局。	马路:班长什么事?			
14	吴凡白了一眼王华。丁宁接过资料。	李璐:一些资料。		特	
15	宿舍门关上,李璐在门口还没缓过神。				
16	三个人探出头看班长的背影。	吴凡:王华,你就对钱敏感,人家是奖学金,和你有关系吗?		中特	
17	吴凡没有察觉,自言自语,看看手,看看指甲。				
18	大家回来继续看电影,收拾。	吴凡:继续继续。	宿舍		
19	丁宁发现一张课表。	丁宁:大学还要学思想政治? 吴凡:不是吧(打哈欠)。			打哈欠相似性转场 转到教室
PART3 幻想课堂片段					
20	吴凡打哈切。	老师讲课的声音,方言普通话。	课堂一	近	拍头相似性转场 转回宿舍
21	吴凡左右看看,同桌睡着了。			中	
22	枯燥、无聊。 学生们昏昏欲睡,老师有气无力。	老师身穿古装:之乎者也,学生现在装睡倒一片。		全	
23	吴凡也睡着了,吴凡被老师拍了一下头。	啪!			
24	马路也凑过来,拍了吴凡头一下。	马路:你睡着啦?	宿舍		马路被拉走,正面实到背面虚化。
25	丁宁点击暂停。	吴凡:我得找个锥子!			
26	丁宁着急。	丁宁:紧要关头了,你?			
27	吴凡看着丁宁疑惑刚才梦里的老师。	吴凡:哎??			
28	马路打破僵局,王华也凑了过来,被剧情吸引。	马路:你找锥子干嘛? 吴凡:头悬梁,锥刺股!			
29	丁宁不禁打了个冷战。	马路:都是思政课惹的祸!			
30	马路去阻止吴凡,被王华、丁宁拉回来。	王华:看电影,看电影。			

（续表）

	画面	声音	场景	镜	备注
31	老师像皇帝一样,左右有人扇风。舍友已成了老师打手。			航拍	
32	马路被左右架着胳膊拖向窗户边。	马路:放开,放开我,再给我一次机会,选 D。			
33	黑板上一道选择题,下边只有 AB 两个选项。		课堂二		
34	老师一挥手。	老师:喔!		特近	
35	老师用扇子敲打马路。	老师:一共两个选项,你选 D!!			仰视镜头
36	马路紧张又兴奋。	马路:是不是对啦?是不是对啦?			
37	老师转身,背对马路,挥挥手。	老师:扔了,扔了。			
38	左右架着胳膊将马路扔出了窗外。	马路:啊! 我不要上思政课!			落地相似性转场 转回宿舍
39	马路就夸张的表情,航拍角度。				
40	从高处航拍地面,表示马路坠落,落地。				
41	马路午休跌落床下。				
42	王华惊醒,看到钟表。	王华:来不及了,赶紧去上课吧	宿舍		
43	大家匆忙准备,洗脸,刷牙,上厕所,穿错鞋。				

PART4 行走校园片段

44	航拍校园风景。			航拍	
45	路上上课的学生欢声笑语。	广播台放出悠扬的音乐	校园		
46	标志性建筑。				
47	忽然出现他们四个,打扮的奇形怪状。				
48	马路手拿宝剑。				
49	吴凡手持长矛。				
50	丁宁戴着头盔。				
51	王华手拿望远镜。				

PART5 现实课堂多姿多彩

52	到了教室门口。				
53	窥视到里边井然有序。		教学楼		
54	四个人准备掉头溜走。				
55	被老师发现。				
56	四个人站在讲台上,下边学生哄堂大笑。	旁白:我们以为的思政课无聊,枯燥。可现实却给了我们一个大大的惊喜～			

（续表）

	画面	声音	场景	镜	备注
57	课堂上同学们聚精会神,很有兴趣。				
58	形式活泼,使用手机 app 投票、讨论,演示。				
59	参观校史馆。				
60	老师和学生一起走入校史馆。	魏老师:黄炎培先生是我国近代著名的民主革命家和教育家,也是我校的创始人。1918 年,黄炎培先生和其他教育界和实业届知名人士,共同创办了中华职业学校,这就是我南京工业职业技术学院的前身。	校史馆	远	
61	老师边走边介绍黄炎培先生。			中	
62	学生们参观的画面和学校里的标志性画面。				
63	两位同学小声议论。				
64	两位同学听老师讲课。				
65	老师和学生来到展馆某处,看到了"理必求真,事必求是"的牌匾。	老师台词:黄炎培老先生有句名言:理必求真,事必求是;言必守信,行必踏实。理必求真说的是做人一定要追求真理,不应被纷杂的利益所诱惑。这也是黄炎培老先生做人、做事的原则。		全景	
66	理必求真、事必求是牌匾特写。	马路内心独白:理必求真? 说的真好,我们到学校学习,就是为了追求真理。			
67	李璐拿出手机拍下牌匾。				
68	课上李璐演讲时,ppt 里用的正是这张照片。		教室		
69	几个演讲的动作,表情。				
70	辩论赛。				
71	黑板写着"正方:现代商业社会更需要坚持原则""反方:现代商业社会更需要讲究变通"下面两边各坐三名学生。	李老师:下面进入自由辩论阶段。请正方同学先发言			
72	正方同学(张志辉):	现代商业社会是建立在诚信、契约等精神基础之上的,因此,我们只有坚持道德底线和法律原则,按章办事,遵纪守法,现代商业社会才能繁荣发展。	辩论会		
73	反方同学(李璐):	商业的本质就是利用信息不对称赚钱,进价 5 元的东西,仍然 5 元卖出,怎么可能盈利? 商业社会就和股市一个道理,明白人赚钱,糊涂人亏本,明白人赚的就是糊涂人的钱。所以,商业社会的发展更需要变通,更需要因事而异的灵活性,这样才能让我们的社会发展更快。			
74	正方同学发言	那我请问反方同学一个问题,如果我拿十万块钱贿赂你,请你对我不合格的产品放行,那你坚守原则还是会变通呢? 呃……			
75	反方哑口无言,马路心悦诚服地点头。				

（续表）

	画面	声音	场景	镜	备注
PART6 宿舍夜晚回忆					
76	晚上大家都上了床,室外月明星稀。				
77	王华听到马路有动静,就问马路。	王华:你还不睡,想什么呢?			
78	插入白天上课时的场景。	马路:我在想今天的思修课上老师让我们讨论的问题。将来真有一天,十万块摆在桌子上。			
79	吴凡,丁宁也醒来讨论。	王华:课上我就说了,我绝不会拿,别忘了我们的约定。			
80		吴凡:我也是。丁宁:我也是。	宿舍		
81	吴凡丁宁点点头。				
82	大家睡着了。	马路:那,这是我们的约定? 王华:对,这就是我们的约定!			
83	早上阳光照进窗户。				
84	王华将被子遮住脸。				
85	马路转了个身。			特	
86	漏出脸。				
PART7 马路拒绝贿赂					
87	过肩拍马路,反打王华。王华收拾地上的钱。	王华:马总,马总,在考虑一下。			脸与脸的相似性转场
88	拿下眼镜,眼睛湿润。边说边往门口走。	马:我们是老同学了			
89	客户(王华)收拾好最后一张落在地上的人民币,回头看马路。	王华:既然是	办公室		
90	马路戴上眼镜。	马路:那就更要记得当初的约定。			
91		说完马路出门。			
92	下楼梯。				
93	走在路上。		单位外景	航	
94	表情轻松。			特	
95	阳光透过树叶。			特	虚实

（二）部分拍摄计划展示

表 6.2　部分拍摄计划

8 月 15 日拍摄计划			
1. 需要群演镜头			
场次	地点	内容	
镜头 52—58	1 楼教室	1. 四个舍友进课堂　2. 老师展示 app	

（续表）

场次	地点	内容	
镜头 20—23	1 楼教室	古装老师上课	
镜头 68—69	1 楼教室	班长演讲，黑板上一边课题，一边图片	
镜头 59—67	校史馆	魏老师讲解	
2. 不需要群演镜头			
镜头 70—75	3 楼教室	辩论，李老师主持，三正三反	
镜头 31—40	3 楼教室	暴力老师环节	
镜头 92—95	校园，楼道	马路走路	
注意* 1. 场次1、2、3群演需要三个不同的座位顺序。 2. 记得录马路旁白 A. 我们以为的思政课无聊，枯燥。可现实却给了我们一个大大的惊喜。 B. 理必求真？说的真好，我们到学校学习，就是为了追求真理。			

第七章　新闻的采访与制作

第一节　新闻制作的前期准备

视频新闻节目最大的优势是以画面显示活的事实，但是提供详细信息的能力并不是最好的，那么如何在一定的时间里提供有限但鲜活的信息呢，除了视频新闻的基本原则外还需要一定的技巧。随着技术的快速发展和接收信息的方式改变，很多东西并不是一成不变的，但是万变不离其宗，本章给大家讲解最基本的新闻采访与制作技能。每条视频新闻的完成包括前期采访、拍摄，后期剪辑、配音、字幕等多道工序，让大家了解记者在完成一条新闻的前期准备和后期编辑的具体工作。

一、拍摄准备

（一）构思方式

构思是指新闻中素材的结构安排方式，也叫构思方式。由于新闻素材之间存在着各种关联、各种秩序，再加上记者的报道倾向和认知能力的差异，导致同一新闻常会呈现出不同的结构形式。前期构思，是记者必须具备的素质，尤其是视频记者，因为拍摄的画面基本成型，所以要求视频记者更要有前期构思能力。视频记者想将成型的拍摄画面做大的思路变动不像广播和报纸那么容易，所以更要做好充分的前期准备。记者向受众报道什么信息，这个信息中有什么兴趣点，一定要找到引起别人兴趣的思路和角度。

（二）列出提纲

针对采访对象做充分的准备，列好采访提纲是一个记者应该做的。新手记者必须将提纲写下来，以免采访时忘记，经验丰富的记者至少也要将内容框架熟记于心。拍摄前尽量与被采访人物沟通，交换意见，以保证采访现场顺利进行。如果采访前见不到被采访者也要与其助理、经纪人等沟通，或者采访后再与被采访者或相关人员做沟通，对采访信息进行梳理，以保证内容真实、合适。

二、素材甄选

视频编辑的目的是将一个个单独的镜头素材按照内在的逻辑与剪辑技巧拼接起来表述事件、叙述故事的。其内在逻辑要符合新闻的真实性与话题的吸引力。在后期剪辑前,编导必须进行素材甄选。由于编导同时也是前期的策划,所以编导对新闻成片的整体效果更加清楚,对需要与不需要的素材辨别速度更快。提前整理好素材可以大大提高后期编辑的效率,因此素材甄选是后期编辑之前的必备环节。这个环节可以是由编导根据拍摄提纲实行,也可以由后期人员在剪辑软件上实行。素材的甄选不论是编导还是后期负责,它并不具有后期的技术特点,因此归为前期准备内容。

我们的新闻报道不是自然的信息传播,特别是国际新闻报道,我们现在主要是境外媒体机构传过来的新闻素材。作为编辑记者,不是说西方媒体传过来就用什么,要对新闻信息源有鉴别地利用,对新闻事实的选择都体现了一定立场和价值取向。比如我们国家领导人出访,我国领导人的镜头、国旗、国歌一定要放在对方的前面。

事件现场的画面是视频新闻报道独特的构成要素。现场环境和气氛可以通过画面直接呈现在人们面前。编导要根据这条新闻想表现的氛围与方向来选择合适的画面,根据新闻稿的文字叙述判别镜头素材的取舍。然后由剪辑师按照剪接法则将它们整合拼接,形成视频新闻的结构、层次和节奏,最终形成形象化的新闻报道。

第二节　新闻制作的后期编辑

遵循事件发展的逻辑顺序是新闻画面剪辑的最大原则。首先是逻辑上的正确,其次是剪辑的技巧。如果新闻事件的逻辑顺序有误,那么这个视频就已经失去了成为新闻的意义,因此逻辑顺序是新闻画面剪辑的最大原则。另外,剪辑时要兼顾镜头的语法规则与新闻意义的表达,通过选择剪接点、镜头顺序、镜头长度等创造最佳的表达效果。

一、画面剪辑

(一)寻找合适的剪辑点

不管镜头的原始长度是多少,将它在一个整体中,都需要重新找到一个合适的长度,这个合适长度的进入点和离开点就是合适的剪辑点。影响剪辑点的因素有很多,以背景音乐为例,节奏快的地方需要切换画面比较多,镜头素材保留的长度就比较短。节奏慢的地方切换画面较少,镜头素材保留的长度就比较长。以画面信息量为例,信息量大时,镜头素材保留的长度要稍长一些,信息量少时,镜头素材保留的长度则要短一些。同样,画面构成复杂的,镜头素材保留的长度要稍长一些,反之则稍短一些。

（二）描述性镜头内容完整

对于描述性的镜头而言,画面停留时间的多少以观众能否看懂镜头内容为准则。对于像反映人物情绪变化、内心心理描写的镜头,其长度的选择应根据情绪的完整性判断。另外,移动镜头普遍交代的内容比较丰富,信息量较大、长度较长。但是过长的移动镜头容易乏味、单调。此时可以在镜头移动的过程中插入一个其他景别的镜头,这个镜头要与移动镜头的内容相关,可以是移动镜头中的某个物体的其他景别画面。插入镜头结束后再延续之前的移动镜头,移动镜头剩下的部分可以完全接上,也可以根据需要只连接部分。在某些特殊情况下,即使是静止镜头或特写镜头,也可以表现得长一些。

（三）景别与时长的关系

就同一场景、同一内容而言,其景别的选择与时长成正比关系。全景镜头画面中的内容比较多,要想让观众识别主体,镜头停留时间要长一些。中景镜头里的内容比较直接,镜头停留时间可以稍短一些,近景及特写不需要观众自己找重点,基本可以一闪而过。因为此类镜头是放大或者强调之前镜头里的内容,观众本身就对被摄物体有了认识,所以再进行瞬间的放大或者强调就可以了。

（四）总体框架的概念

视频画面的组接不是乱堆一气,镜头组接就像写作一样是有语法的。新闻中的场景故事先用全景交代环境,中全景交代人物、事件主体,近景或特写交代细节。就像写作中叙述一件事情从背景到主题再到细节一样。所以运用这种由远及近,先粗后细的方式或者反过来由近及远,由局部推到整体的方式就可以将事件表述清楚,不要翻来覆去使用镜头,以免冗长多余。

二、拼接原则与技巧

（一）符合正常的逻辑

避免逻辑性的错误。我们在看视频的时候经常能看到一些镜头组接上的错误。比如,在一场足球比赛中,上一个画面球队从左向右进攻,下一个画面同一支球队就变成了从右向左进攻。这是因为编辑将上下半场的镜头混到了一起,引起了逻辑性错误。这就要求编辑在剪接过程中要注意环境、人物合理性。

（二）镜头组接要充分

为一句较长的新闻词配画面时,第一原则是镜头组接要充分表述清楚这句话的内容。例如:2018 年 9 月 15 号,马云出席了济南网络商务协会 5 周年庆典活动,并与该组织签署了战略合作协议。那么在为这句话配镜头画面时,至少要有三个镜头组接在一起,才能做到完整体现新闻内容。可以用马云出场的镜头接马云与大家一起参与启动仪式的画面再接马云与商会代表交换签署协议的画面。这样就充分地表现了新闻的内容,少一个镜头内容都表现不完整。如果用一个客观纪录全部内容的长镜头又是不现实的,因为新闻报道不会给一条新闻那么长的时间,因此要学会合理使用镜头组接。

(三) 保证剪接流畅

视频新闻报道的画面相对需要传统的影视语言方式,要尽量避免跳切这种效果。场景变换的时候要保证将不同景别的镜头组接在一起。关于景别的界限,以人为拍摄物分类如下:全景,包括一个人的高度,同时观众能看到一些背景。中全景,只拍到人的膝盖及以上部分。中景,取胳臂肘以上部分,一般运用在采访人物。中近景,取自腋下,远近程度可较清楚显示人的脸部细节和表情又不感到压迫。近景,取领子以上,可清楚展示面部细节,情绪更浓重。特写,用特写可以凸显五官等局部细节,既能体现亲切感又能体现对抗感。

(四) 避免越轴现象

越轴属于镜头组接错误现象,会发生观众视觉接受上的混乱。新闻画面中一定要避免越轴现象,如果不同拍摄素材中或者现场人物位置关系的确发生了改变,那么我们可以用以下几种方式处理这种轴线改变的局面。值得注意的是,这几种办法是让新旧轴线关系合理化,并不是让越轴合理化,要注意真正含义和措辞。

1. 用被摄主体的运动轨迹改变原有轴线

上一个镜头中,被摄主体的轴线关系是按照运动前的位置拍的,下一个镜头,被摄主体的轴线关系要按照运动后的位置设置机位。

2. 用摄像机运动打破原有的轴线关系

摄像机运动是场面调度的常用方法之一摄像机在前后两个镜头中位置不能越过轴线,但是摄像机可以在一个镜头中自由地运动。因此,在一个镜头中摄像机凭借位置的变化使被摄主体有了新的轴线关系就合理了。

3. 用中性镜头间隔前后两个镜头,缓和越轴造成的视觉跳跃感

如果前后两个镜头确实存在了越轴行为,那么只能进行补救。补救措施就是在两个镜头之间插入一个中性镜头。所谓中性镜头就是"骑"在轴线上拍摄的镜头,摄像机正对被摄主体,正面、背面都可以。由于中性镜头是"骑"在轴线上的,无明确的方向性,所以它与前后任意一个镜头搭配都在轴线的一侧、即180°范围以内,都不越轴。所以将中性镜头插在越轴的两个镜头之间可以很好的起到过渡作用。

4. 利用插入镜头过度前后两个轴线关系镜头

上述第三种方法提到的插入中性镜头也属于这种方式范围之内,由于中性镜头方位相对固定,因此单独成篇。一般插入镜头的内容和方向有多种可能性。插入镜头的景别以特写为主,因为特写可以更好地模糊方向。我们从以下两种情况来说明:第一,

在相同空间、相同场景中,插入方向性不明确的被摄主体的局部特写,使这个镜头与轴线两侧所拍镜头可以顺利连接。第二,插入环境空间中的其他实物特写作为过渡镜头。同样可以使这个镜头与轴线两侧所拍镜头顺利连接。

(五)声画对应方式

1. 内容对应,画面与新闻稿内容完全相符,文稿提到的内容与画面完全一致。特别是人名、标志性事物不能有任何偏差。

2. 意义对应,画面与新闻稿表现的含义相符。例如,新闻中提到一些"压力""局势""紧张"等概念性的内容时,画面是不好直接表现的,因此要用意义相符的画面内容去表达。

(六)借助更多元素丰富新闻内容

1. 字幕:可以对内容进行有效地补充,可以通过字体、颜色、大小、位置、停留时间等加强对内容的表现。

2. 数据:数据是最直观、具体、有说服力的表现方式。特别是在财经类新闻中,除了对现实的分析、描述外,一定要有直观的数字依据。

3. 地图、图表:将被描述的内容可视化、具体化,起到直观展现、增加信息量的作用。

第三节 新闻采编技巧

一、标题的写作技巧

标题是网络资源的重要组成部分,并且处于网络页面中显眼的位置。人们可以第一时间,透过标题了解新闻热线、RSS 订阅源以及他们邮箱中的主要内容。在网页上,搜引擎对于标题又赋予额外的权利。当你所编辑的内容,标题处于居中位置,在互联网中传播时,标题具有十分重要的地位。一个好的标题,可以吸引读者浏览、方便搜索与传播。以下三个技巧可以利用标题让内容更加有效。

(一)标题 SEO:前 30 个字很关键

SEO(Search Engine Optimization),意为搜索引擎优化。当用户在使用搜索引擎时,搜索引擎具有自动搜索网页上方文字的功能,并且只搜引的标题是前 65 个字符,30个汉字左右。为了增加网络曝光度,达到传播最佳效果,只有尽可能的优化标题。在构建标题时,要做的是将最重要的关键词,放在标题的前半部分、甚至是最前面,但这不意味着标题都是关键词堆砌。因为搜索引擎很擅于发现自然语言,第一时间能屏蔽此类操作。在新闻标题中,只有集中利用一两个关键词,SEO 技术才能将你所创作的内容,达到最佳传播效果。

(二)在标题中使用数字

数字传达的信息具有即时性、准确性，对于新闻而言更具有说服力，并且可以增加新闻可信度。那么在构建标题时，可以将文章中引用的数据、调查结果或一些不争的事实，可以在标题中点明出来。

(三)用子标题增加细节信息

在构建标题时，可以使用子标题来补充上一些细节信息，不仅可以使主标题不冗长，页面布局更为整洁，还可以使读者更容易的抓住新闻内容重点，阅读体验更佳。

新闻发布会是作为前几年公司树立形象、维护形象、宣传公司，经久不衰的公关技巧。而在互联网时代，人们更愿意通过网络搜索获取内容。在网络上写好新闻稿，也是重要的公关技巧之一。当社交媒体在传播信息、用户接受信息时，直接为品牌提供了与受众交流的机会。搜索引擎将社交元素容纳在排名算法之中，长期影响着网络能见度。如果想写好一篇新闻稿，那么从标题开始。

二、新闻采访准备与提问技巧

(一)采访准备

古人云："凡事预则立，不预则废。"在做新闻报道时，需要重视采访的前期工作。想要得到一个新闻真相，不仅要善于研究分析资料，根据材料确定采访提纲，还要需要记者精于提问。因为材料内容是有限的，事情发展过程中是多变的，所以一个新闻不光是单个的、相对独立事实，而是由错综复杂的新闻背景构成的，也就是 WHY（原因）和 HOW（怎么样）。这时，新闻背景资料的收集和研究十分重要，因此，也成为记者前期工作中最耗费精力的地方。

首先，要做一个成功的深度报道，需要记者对生活具备敏锐的洞察力，通过社会表面现象，找准受众普遍关注的热点、难点，选择合适的报道题材，挖掘深层次内容。例如，在《中国青年报》中以深度报道出名的专栏——"冰点"，一些看似冷点的新闻事件，却正是这段时间内社会热点、难点问题的"冰山一角"，这些都是新闻记者不畏艰辛，在错综复杂的线索中找到适宜的题材。

其次，在准备前期工作时，要将新闻背景资料做整理与分析。因为背景资料对于新闻报道有着举足轻重的作用。新闻事件的背景大致包括：补充性的历史资料、展示事物间相互关系的资料、提供人物必要经历的资料、数据性的事实等。[①] 利用好新闻背景资料往往能够推波助澜，有利于记者获得采访机会、迅速进入采访角色和取得采访对象的

---

① 《采访的核心点》，http://blog.ifeng.com/article/3703919.html。

信任。例如，中央电视台新闻记者水均益，为了拿到基辛格博士的独家采访，在邀约教授时，水均益提前做好大量背景分析，并且还分析了博士的性格特点。同时，在与博士相关的工作人员沟通时，阐述接受采访的好处，表现出他的真诚，如愿以偿地拿到了博士的独家采访。

最后，需要拟订一个全面的、深入的、思路清晰的采访提纲。采访提纲在采访中十分重要，它体现作者的逻辑思维，采访问题深浅层次，还有利于帮助记者坚定信心，临阵不乱、掌握采访的主动权，可以较好地完成采访，获得一个较好的结果。杜骏飞在《深度报道原理》一书中提到，美国内华达新闻学教授拉鲁吉尔兰德曾在拟定采访提纲方面推出了设计问题的辅助公式，有一定的指导意义。他提醒记者在设计提问时，应该涉及以下一些问题：

目标——你们（或组织）要实现的目标是什么？

障碍——你们遇到的难题、阻力是什么？

解决——你们是如何解决这些难题，是否有解决矛盾的计划？

开始——你们何时有最开始的设想，是根据谁的意见提出的？

当然，采访提纲的拟订没有唯一的格式，需要根据记者本人的采访习惯、交流方式加以变化，但更重要的因素是：采访问题的独特性、准确性、连贯性、创意性、是否引人入胜。

（二）提问技巧

提问技巧，会谈过程中显得活泼，给一场富于思想交谈锦上添花，具体的提问技巧包括：

1. 抓住核心问题，开门见山

开门见山是指在采访一开始，就提出硬性的、紧扣主题的问题，慢慢扩展为比较笼统的问题，也是最常用的采访方式。适用的采访对象，一般是善于言辞、敏于思考、拥有自信的人。开门见山会让被采访者感受到直爽，采访进程也十分有效率。在交谈过程中，如果抓住问题本质，一语道破可以激起谈话兴趣，使对方认为你熟悉其中业务、了解行情，方便了采访顺利进行。

2. 问得自然，问得具体，发掘未知的细节

人与人之间的交流，都要让双方觉得自然、能接受。在深度报道中，有许多尖锐的问题，如果很唐突地问到某个核心问题，采访对象有可能不愿意配合记者。此时，就需要记者具备追问的毅力和沟通的技巧，问得自然，问得具体。可以先用一些宽泛的话题缓解气氛进行过渡，为后面实质性话题埋下伏笔；或旁敲侧击，为对方制造错觉，然后追本溯源，发掘未知的细节，从而达到采访效果。

3. 诱导性的提问，引出生动活泼、论点鲜明的谈话

在诱导性提问中，采访对象能够具有表达自己真实想法的愿望和热情，并肯于争辩。诱导性提问很容易使记者与被采访者，谈话达到互不相让的地步。此时，记者要时刻保持融洽关系，掌握好谈话的时机，运用语言魅力引诱对方作肯定性回答，很有可能

得到出人预料的内容。

4. 适度的沉默

深度报道采访提问中的一个重要的技巧——沉默。在深度报道报道中,常常提出的问题都是具有代表性、针对性和独家性的。记者更需要给采访对象,预留出思考与阐述问题的时间,而不是中途打断对方,遗漏重要信息。美国著名的电视节目主持人迈克·华莱士说:"我发现,在电视采访中最有趣的做法就是问一个漂亮的问题,等对方回答完毕你再沉默三、四秒钟,仿佛你还在期待着他更多的回答。你知道会怎样吗? 对方会感到有点窘促而向你谈出更多的东西。"

当我们在做深度报道采访时,必须全身心投入交谈中,观察与倾听,对采访内容进行仔细分析与思考,从而揭示出所包含的隐形信息。艾丰提醒所有的记者"在采访时别忘了带上眼睛和耳朵"。

第一,记者要选择正确的视角进行细致入微的观察。一般而言,主要有三个视角——把握事物相互关联的全局视角;记者个人情感、思想的视角;在现场观察时的微观视角。总之,只有从正确的视角出发看待问题,细致地观察,才能让记者获取到有新闻价值的资料。

第二,要做一名用心的听众。邝云妙在《当代新闻采访学》中提出:"一名记者,特别是一名老练的记者,应该是最善于倾听的人,而不是喋喋不休的人。"毫无疑问,善于倾听的记者往往容易与采访对象沟通,从中获得丰厚的信息。也会让稍纵即逝的新闻线索,通过用心倾听而被发掘,还原新闻真实面目。

采访具体要求:

(1) 预约时间、地址。

(2) 制定备用方案。

(3) 拟定采访内容,包括采访主题、采访人物、采访问题等

(4) 提前收集、研究采访背景与采访对象。

(5) 了解重大史实。

(6) 事先询问被采访者,是否可录音和照相。

(7) 采访时,要对主题有所把握,时间能有所控制。

(8) 采访时,要与被采访对象形成互动。

(9) 采访时,要注意自己的表情管理和语言表达。

(10) 采访时,遇到含糊不清的地方要及时询问,以免事后主观编造和添加。

(11) 采访后,向采访者沟通,是否可以提供相关资料。

(12) 采访后,赠送一份礼品,表示诚心,并表达感谢。

(13) 采访稿完成后,将稿件寄给被采访人,请其过目并可适当让其修改。

(14) 将最终出版物寄送一份给被采访人,再次表示感谢。

三、新闻采访稿写作技巧

(一) 求新

求新中的"新"是指：新思想、新观点和新形式。在写作技巧中"求新"是要用时效性强、题材角度独特、新形式写法来反映新闻。真实性是新闻的生命，时效性同样也是，其中时效性强指我们要抓住新闻的报道的时机。题材和角度新奇也是新闻写作的基础，这就要求我们在大量观察与写作大量新闻信息的基础上，寻找新的角度和观点，挖掘最具有价值性和吸引力的主题。形式和写法的新颖是新闻写作的补充。要求我们要具有创新意识，突破固有的思维模式，不断增强新闻的感染力和表现力。

(二) 求深

求深中的"深"指：透过事件本身现象，揭示内在规律和本质的程度。"求深"就是调查新闻来龙去脉，让人们了解整个事件的过程，它是在什么样环境、条件中产生的，并且揭示事实内在的原因。深度报道便是"求深"的重要代表。例如，《人民日报》曾发表过一篇文章《肯德鸡吃什么？》，这篇文章不仅仅是简单报道，市场上流行吃"肯德鸡"这一现象，而更是着重揭示吃"肯德基"背后的本质——吃的是美国的文化。

为了突出新闻具有的启迪性、指导性和针对性，我们必须要"求深"，而且不能只在乎新闻事实，还要从事实中汲取深刻意义。因此，在选题题材要善于发现好的题材，反映社会热点、难点、疑点等，全面深刻地加以分析。例如，河北农村出现的"庄稼医院"这一热点话题，具有一定的深度，如果记者研究好这一话题，便可以写出一篇优秀的深度报道。

(三) 求殊：指匠心独运，另辟蹊径，敢为天下先

按照旧套路去采写新闻，结果难免是千篇一律，人物没有活性。每个人都是不同样的，自身都有各自的特点。思维的惰性让我们失去了发现特别的眼睛。如果我们取独到之境，秉独卓之心，看独特之物，自然就能有独得之见，写独创之文。

想要让新闻搞脱颖而出，角度很重要。例如，《从邮局看变化》一文全国获奖，这就是从特殊的角度切入，另起炉灶，别出心裁。如果能与其他文学体裁、学科知识融会贯通，自然会有相得益彰的奇效。

(四) 求简：大道至简

言简意赅才是表达的王道。用一句话，说出别人一篇文章说不出的话，短小精悍的语言往往更吸引人。新闻稿篇幅过长，一直是新闻界长期存在问题。很多作品立意新奇，写作手法娴熟，但就是缺了那么一点短促的力道，在新闻比赛中丢了优势。

新闻稿也要"减肥"，例如，在西方某家报纸上，某时某刻中美关系正常化几个醒目的大字加上两国领导人握手的照片，简洁明了，没有一丝"赘肉"。这就是主题千锤百炼，具有价值的新闻作品。

第四节　新闻采访举例分析

采访新闻的前提是明确自己的采访内容什么。新闻线索是新闻现象的初步显露，它一般是比较简单、粗略的。在校园中，很多刚刚进入学校新闻宣传部的同学，对于新闻采访比较陌生，都会有一个共同的问题，面对被采访者不知道提出哪些问题。校园新闻采访与外面的正规媒体相比较，显得更为简单。

新闻采访一般分为三个阶段：采访前、采访过程中、采访以后。以下内容主要从这三点出发分析：

一、采访前

校园记者手中绝大多数的新闻信息，都是通过别人口中了解、学校老师安排，知道新闻信息后，然后进行一系列采访准备工作。

（一）对消息来源追问

1. 消息源来自哪。
2. 负责人是谁。
3. 如何联络，保存好联系方式。
4. 消息源是否具有新闻价值是十分重要的，不要花精力在一些老生常谈的内容。
5. 得到信息源以后，判断是否需要新闻图片，与摄影记者及时沟通，减少新闻报道漏洞的出现。

（二）了解背景材料

正所谓"磨刀不误砍柴工"，心中有数，遇事不慌。如果在不了解背景的情况下就贸然进行采访，不利于采访顺利进行。背景材料一般指事情发生的情况、采访人的基本信息、涉及的相关事件等。在寻求背景资料时，找事件知情人问询、拨打电话去相关的单位了解、上网查询信息内容，都是非常不错的选择。例如，学校记者准备采访奥运志愿者时，最好对奥运志愿者选拔等知识有一定的了解，避免采访他的时候词穷。

（三）制订采访计划，列提纲

凡事预则立，不预则废。采访计划很重要。采访对象的范围，结构与顺序都都对选题产生着重要的影响。采访是新闻的灵魂，新闻稿的字数多少，谋篇布局，语言风格，叙述手法都是采访的皮囊。无论是消息还是通讯，采访时间是长是短，采访速度是急是缓，采访步骤谁先谁后，采访问题谁重谁轻，都是我们事先要规划好的。有了这个路线图，我们就能更清楚地认清采访目标，理清采访思路，一步一步完成采访任务。一方面避免时间的浪费,另一方面心里有数,有利于控制采访交谈中的主动权。

在采访前,做足了准备,接下来就是联系被采访者,约定见面时间和地点。与被采访者见面之前,我们要需要注意以下细节。

(四)注意细节

1. 合适的着装,既能体现尊敬又能打造形象。
2. 工作证,佩戴好工作证让人显得更加专业。
3. 录音工具,避免遗漏重点信息。
4. 带好采访提纲。
5. 明确采访时间,切勿迟到。
6. 确定联系人电话,避免临时有变动。
7. 熟记被采访人背景相关信息。
8. 带好笔和本子,可以随时记下新闻线索。

在采访前要简单的自我介绍,向被采访者说明主题,并且简要的介绍采访的主要流程,在征询对方同意的情况下录音等等。这样可以使采访过程更加顺利。

二、采访过程中

新闻采访提问技巧

1. 要安排好采访顺序。应当先采访配角,后采访主角。

一般来说,校园新闻比较简单,先采访那些非核心人物,你可以了解很多事物细节,发现新的线索,探求新的角度。这样不仅对于主角表达时更加方便流畅,而且能够得到更多你想要的信息。采访顺序可以根据事件的轻重缓急程度灵活地调整。

2. 第一问题很重要。如果博得被采访者的好感,可以激起他的交流欲望。

校园新闻面对的采访对象,大多是学生群体,采访技巧也比较单一。开始交流时,可以聊你们的共同点,拉近两者之间的关系,为之后的采访做好铺垫。

3. 提问要简洁通俗具体细致,不要泛泛而谈。

提问简洁通俗就行,不要用书面语,把被采访者绕糊涂了反而弄巧成拙。

4. 要抓住要害问题来采访,不要偏离主旨去提一些枝节问题。

围绕你的采访方向问重点的要害问题获取你想要的信息,不必纠结于细枝末节的东西。例如采访一个国家奖学金获得者,想知道他的学习方法,结果他回答的都是只有他与英语的情节。所以,我们的中心任务是获取信息,提问必须一击即中,正中要害。

5. 要深挖生动的细节,要在能够表达主题的细节上进行细致详尽地采访。

对于无关紧要的细枝末节不必过分关注,那是横生枝节。但是深挖生动的细节却是新闻稿件之必须。往往以小见大的新闻稿能够看出作者的功力。例如,我们需要报导学校的迎新晚会,大家都将报道的焦点放在整个迎新晚会本身上,虽然报道也十分很成功,但不是一个生动的报道。但其中一个舞者却是一个男生扮演的,这是一个很小的细节,具有新闻价值,一篇关于"伪娘"主题的新闻稿就可以呈现出来。

6. 要注意观察现场。

想要写好新闻稿最需要的就是去现场走一走,用心去观察、去感受。事先踩点,暗中观察,会收获到很多。

7. 要善于穷追不舍,挖掘故事的细节,深入了解人物的内心世界。

8. 懂得倾听。

一个好的记者既要会问也要会听。有时候"此时无声胜有声",效果更好。对于被访者而言,他会觉得被尊重,注意一些话题中的细节,或者会有意想不到的收获。

当然,所有提问技巧也都是纸上谈兵,和现实采访有很大的差距,我们只能因事而异,因时而异,因人而异,对待不同的被采访对象、新闻事件讲究和尝试不同的方法和技巧。这些只是简单的经验借鉴,无论如何都代替不了实实在在的一次采访经历。

采访成功的前提之一,是遇到一个好的采访对象。一个好的采访对象指的是,能够在你的引导下,顺利的讲出你想要的信息。但现实情况是,采访者不会每次都那么幸运,遇到这样的被采访对象。

被采访对象很容易出现下面几种情况:

(1)虽然是积极配合,但是不免因为紧张而说不出重点内容。

(2)表面上配合采访,但实际很消极,内容不切合主题。

(3)采访对象的思维模式占主导地位。

(4)完全配合,全程都在讲重点的人。

遇到他们应该采取的措施:

(1)用专业术语提问。

比如,一个学生在计算机研究方面获了大奖,你作为记者采访的过程中,提问的问题就能让被采访者感觉出,你懂不懂专业内容,所以采访之前,一定对专业内容做好功课。

(2)寻找轻松性的内容,帮助被采访者放松紧张情绪。

在采访之前,先聊一些轻松愉悦的话题,然后慢慢进入正题。

(3)对于采访刚开始拒绝的对象,我们可以先问一些他感兴趣的内容,打破心理防线。然后慢慢深入。

(4)在提问的时候除了照顾到被采访者,同时也要清楚观众想要了解什么。

(5)记者要真诚客观,不带有个人偏见。在交谈中有可能不赞同被采访者的观点,也要保持理性的态度与其进行沟通。

(6)采访时要开门见山,提问时语言要通俗易懂。

提问时,由于答案要是开放式答案,不要提问"是否""能不能"为开头的提问语,这样不能让被采访者思维扩散。

（7）提问语要注意"五不用"。

五不用指：不用长句、不用倒装句、不用否定语气提问、不用有歧义的话提问，在提问时不要生造词语、任意改用专用名词。[①] 在沟通中要使用通俗易懂的口头语言，并且将长句拆分成短句。在采访过程中，记录被采访者的话是很有必要的，但是也需要通过技巧去记录。

三、新闻采访记录技巧

（一）记重点

一种是对采访者的内容进行分点记录，如"一""二""三"，另一种"要点"，新闻时间中的重要内容，比如时间、地点、人物、事件等都要记录下来。

（二）记疑问点

采访时，我们很容易遇到的一种情况就是，采访对象介绍的内容和记者掌握的事实有出入，这时，记者就要进行核对（如四六级的通过率等）。

（三）记录下采访对象让人印象深刻的语言或内容

（四）记录下观察到的细节

多观察对方的服饰、神态、动作以及室内室外的环境等细节内容。

（五）记想到的

采访过程中可能有灵光一闪的采访问题，这时候要记录下来。

四、采访结束

采访结束之后，可能比较疲惫就会松懈，但是还是要记得收尾工作。

（一）向采访对象核对材料，保证准确无误。

曾经在广播台写稿时，有一次将学部的分党支部写成了党委工作部，当时领导打到广播台追究责任，所以核对很重要。

（二）回看提纲，是否有问题还没有采访。

（三）征求被采访者的建议，尤其是一些专业性的报道，采访内容要和采访对象进行沟通，毕竟自己不是内行，可能需要补充和完善。

很多人认为采访结束了，所有的事情都完了，在我看来不然。

采访结束并不意味着整个采访真正结束，一个报道的成功也不仅仅在于采访。比如，稿件完成之后，我们可以把稿件发给采访对象进行核对，既是对采访对象的尊重，同

---

① 杨洋，《电视经济报道叙事模式分析》，《新闻传播》，2012 年 12 月 30 日。

时也是对自己稿件负责。如果报纸出版或是网站稿件刊登以后告之对方,或者是给对方送去,更能体现出诚心,这样可以不断与采访对象保持联系,同时可以扩充自己的人脉,在以后的采访过程中,有可能帮助自己搜集更多的信息。

总之,新闻采访过程是一个不断集聚自己资源和人脉的过程,在这个过程中,我们可以学习知识,还可以不断认识更多的朋友。同时,为我们以后的信息搜集也打下了很好的基础。

第八章 纪录片的形式与解说

智利导演顾兹曼曾说:"一个国家没有纪录片,就像一个家庭没有相册。"

第一节 纪录片概况

一、纪录片的概念

镜头本身就带有记录性,那么以镜头为基本单位的影视艺术自然也具记录性。但是记录性的视频并不都是纪录片,因为记录性不等同于纪录性。那么二者有什么区别呢?如果说记录性视频指的是一段记录某个事件的视频的话,那么纪录性视频则指的是一段记录某件具有特殊意义或者价值事情的视频。当视频记录的事件具有某种意义和价值时,这个视频才具备了成为纪录片的条件。

纪录片是以真实故事为素材,并对其进行艺术加工,最终引发人们深入思考的艺术形式。纪录片的核心为真实,但不限于所有的镜头都是客观纪实的,可以根据纪录片要表现的内容进行模拟与再现。电影从一出现开始,就显示了它强大的纪录功能。1895 年 12 月 28 日由卢米埃尔摄制的《婴儿的午餐》、《火车到站》、《水浇园丁》、《工厂的大门》等 12 部实验性影片在巴黎卡普辛大道 14 号大咖啡馆内正式公映,这些影片都是纪录真实生活景象的。后来,电影开始用于新闻报导,俄国皇位加冕、奥林匹克开幕、澳大利亚竞走、西班牙斗牛等事件都被搬上银幕,这些大众关心的事件成为纪录电影初期的主要题材。

图 8.1 《北方的纳努克》海报

1923 年,纪录片《北方的纳努克》公映。这部影片由弗拉哈迪摄制,他纪录了爱斯基摩人在冰天雪地里谋求生存的一天。《北方的纳努克》标志着纪录电影的艺术创作进入了一个新的高度。其实,早在 10 年前,1913 年弗拉哈迪便用摄影机客观地纪录过这一切,但因一次火灾,之前拍摄的 3 万英尺底片全部烧毁。1923 年公映的纪录片《北方的纳努克》是按照弗拉哈迪的创作意图再次拍摄的。尽管影片中有些镜头是用故事片的方法拍摄的,例如,海豹的猎取活动是根据拍电影的需要组织的,爱斯基摩人居住的冰房子也是根据需要建造的,但影片反映的故事本身是真实的。弗拉哈迪更是因这部独具感染力的纪录片被称作"纪录电影之父"。中国的第一部纪录电影是 1905 年拍摄的《定军山》,《定军山》于 1905 年 12 月 28 日在北京丰泰照相馆拍摄并在前门大观楼放映,该片由任庆泰执导,谭鑫培主演。《定军山》结束了中国没有国产电影的历史。

二、相关流派

"纪录片之父"弗拉哈迪并没有给纪录片一个明确的定义。"纪录片"一词正是弗拉哈迪的弟子——英国的约翰·格里尔逊最早提出的,然而约翰·格里尔逊也没有为纪录片提出一个完美的定义。显然众多名家在这个问题上各抒己见,并不想将纪录片的定义局限在"纪录片之父"弗拉哈迪的作品之内。究竟什么样的作品才算是纪录片,围绕这个问题,大家意见不一。

纪录片美学观的奠基者是维尔托夫和弗拉哈迪。其中维尔托夫开创了"电影眼睛派",维尔托夫提倡镜头要像人的眼睛一样"出其不意地捕捉生活",他反对进行人为扮演。而《北方的纳努克》作为弗拉哈迪的开山之作却恰恰是由纳努克"真实"扮演而成的,弗拉哈迪在工业社会中刻意追求"原始",最后重返"原始"的纳努克甚至因为缺乏过冬食物而死。同为纪录片的先驱,他们的风格却迥异,这也成为日后纪录片流派纷争的源头。[①]

20 世纪 50 年代末开始,由两大纪录片运动组成了创作潮流。他们分别是以法国导演让·卢什为代表的"真实电影"运动和以美国梅索斯兄弟为代表的"直接电影"运动。所谓"真实电影"是参与式电影,是允许导演介入影片拍摄过程中去的,导演可以煽动剧情的发展。所谓"直接电影"则是观察式电影,避免导演以及其他人员对事件过程进行干涉,以免破坏对象的自然倾向。

第二节　纪录片分类

一、比尔·尼克尔斯分类

依照美国学者比尔·尼克尔斯的观点,纪录片可以分为如下六种类型:

(一)诗意型纪录片

诗意纪录片出现于 20 世纪 20 年代。代表作是 1928 年荷兰人尤里斯·伊文思的纪录片作品《雨》。这种类型的纪录片不强调叙事,不注重特定时空的营造,不强调连贯

---

① 《纪录片》摘自百度百科,http://baike.baidu.com/view/184179.html。

剪辑。它着力于节奏的创造，不同空间的并置，目的在于情绪、情调的传达。

（二）阐释型纪录片

阐述型纪录片也出现于 20 世纪 20 年代。中国在 1990 年代"新纪录运动"之前的纪录片多属此类。这种纪录片宣传意图明确，创造者倚重解说词的力量说服观众接受自己的观点。形式上的典型特征是"上帝之声"、证据剪辑、全知视点等。

（三）观察型纪录片

观察型纪录片出现于 20 世纪 60 年代，其技术基础在于便携式摄影机和磁带摄像机的出现。这种纪录片放弃解说，放弃扮演，纪录片导演成了"墙壁上的苍蝇"。后来中国出现了很多这种类型的纪录片，如 1997 年段锦川执导的纪录片作品《八廓南街 16 号》、康健宁执导的纪录片作品《阴阳》等。这种纪录片长于现实世界的表达，但对于历史题材却难以处理。由于放弃了解说、字幕，影像的表达很容易流于冗长而沉闷。[①]

（四）参与型纪录片

参与型纪录片出现于 20 世纪 60 年代。代表作品是 1961 年法国人让·鲁什和埃德加·莫林的纪录片作品《夏日纪事》。这种类型的纪录片不回避导演出现的画面，相反，刻意强调导演与被拍摄对象的互动。标志着中国纪录片创作迈入新阶段的作品《望长城》即有此特点。

（五）反射型纪录片

反射型纪录片出现于 20 世纪 80 年代。代表作是 1989 年越南裔美籍导演崔明霞的纪录片作品《姓越名南》。这种类型的纪录片的显著特征在于对纪录片呈现社会历史过程本身的反思。和其他类型纪录片一样，反射型纪录片重视对现实世界的表达，但更为重要的是，导演在片中同时表达对纪录片创作本身的反思。这种影片往往显得更为抽象，难以理解。[②] 对于中国的纪录片创作者和观众来说，这种类型的纪录片还是陌生的。

（六）表述行为型纪录片

表述行为型纪录片把真实的事件进行主观地放大，背离现实主义的风格，强调创作者主观的表述。[③] 代表作如马龙里格斯的《舌头不打结》。这种类型的纪录片往往与先锋电影很接近。

---

① 《浅析纪录片创作中"再现真实"的价值》，刘圆，《时代报告（下半月）》，2012 年 12 月 28 日.
② 《故事性，纪录片发展的必经之路》，雷雅，《电影文学》，2012 年 10 月 20 日.
③ 《故事性，纪录片发展的必经之路》，雷雅，《电影文学》，2012 年 10 月 20 日.

二、题材与表现分类

在《纪录片创作中的剪辑艺术与技巧分析》(作者:徐雁)一文中提到,依照题材与表现方法的不同,一般分为以下几类:

(一) 政论

运用真实形象进行论证的纪录片。它充分发挥电影的技术优势和艺术优势,运用可视材料进行论证,显示出形象性与思辨性相辅相成的特点。运用的素材可以是现实的,也可以是历史的,不受时间的限制;以《中印边界问题真相》为例,其素材来源可以是中方的、印方的、英方的,也可以是其他方面的,因此,也不受事件本身序列的限制。除了材料的真实性、论证的严密性、观点的鲜明性这样一些基本要求外,政论纪录片尤其注重形象性与科学性的统一。

(二) 时事

指报道新近发生的新闻事件的纪录像片,它的性质与新闻片相同。但报道的范围不限于一时一事,结构也比较完整。如报道辛亥革命 70 周年纪念活动的《历史的纪念》、报道女排比赛的《拼搏》等。

(三) 历史

指再现过去时代的历史事件的纪录像片。它所表现的人物和事件须准确反映历史的本来面目,不能违反历史的真实,不能用演员扮演。可以运用历史影片数据、历史照片、文物、遗迹或美术作品进行拍摄。影片应具有文献价值。如《辛亥风云》《两种命运的决战》《淮海千秋》等。

(四) 传记

指纪录人物生平或某一时期经历的纪录像片。它与一般时事报导片或历史纪录片的区别在于以特定的人物为中心,不允许用演员扮演,也不可有虚构的情节和人物。如《诗人杜甫》、《伟大的孙中山》、《革命老人何香凝》、《毛泽东》、《叶剑英》等。仅表现某一人物的某一侧面的人物肖像片、人物速写片等也属于此类。

(五) 生活

指记录人们现实生活的各种情况及状态的记录像片。这是有别于其他纪录片的,因为内容完全是不需要演员参加演出的,而是反映了活生生的真人与真事。

(六) 人文地理片

指探索一定地区的自然状况,或介绍社会风习、城乡风貌的纪录片。如《黄山奇观》《漫游柴达木》《土林探奇》等。

（七）舞台

指纪录舞台演出实况的纪录像片。对舞台演出的歌舞、戏剧、曲艺等进行现场拍摄，可以根据需要对演出节目进行剪裁、删节，但对演出内容不能改编、增添，以区别于根据舞台节目改编的舞台艺术片。如《民间歌舞》、《友谊舞台》等。中国第一部彩色舞台纪录片是 1953 年拍的《梁山伯与祝英台》。

（八）专题系列

指在统一的总题下分别出片或连续出片的纪录像片。其中各部影片都可以连续放映，也可以各自独立，如《漫游世界》《紫禁城》《近代春秋》等。

还可分为：宣传纪录片、商业纪录片、独立纪录片（当然，根据分类标准不同，还有其他分类方法）

三、相关特质

对于我来说一部电影使用什么手段，它是一部表演出来的故事片还是一部纪录片，不重要。一部好电影要表现真理，而不是事实。——谢尔盖·爱森斯坦。

1925 年上面这句引言，体现出纪录片与故事片之间实际上并没有明确的界限。一般来说，观众对一部纪录片的期待是写实，但实际上仅仅镜头和拍摄人的在场这个事实，就可以影响被记录的情况。严谨的纪录片同时也记录下拍摄过程对被记录的情况的影响，来让观众获得一个比较客观的印象。被记录的情况的代表性也影响到一部纪录片是否写实。比如许多描写动物的纪录片在裁剪时往往更加愿意选择带有戏剧性的镜头，而这些镜头并不一定是这些动物典型的生活习惯。纪录片的拍摄者的个人观点和他的评论也可能影响一部纪录片的写实性。比如许多描写动物的纪录片中评论者喜欢用拟人的语句来描写一个动物的行为，而实际上动物的行为与拟人的描写可能毫不相关。正因为观众往往认为纪录片中表达的是事实，因此纪录片可以由于不谨慎或者蓄意造成非常大的误解，纪录片也因此往往被用作政治宣传工具。一个反面的例子是 1958 年获得奥斯卡金像奖的迪士尼动物纪录片《白色旷野》，在这部片子中观众看到旅鼠落下悬崖的景象，因此，至今依然有许多人以为旅鼠会集体自杀。实际上这个镜头是在工作室内一个布置为冰天雪地的桌子上拍的，而电影里的旅鼠也不是落入海中，而是落到桌子下。而真正的旅鼠虽然偶尔会集体迁徙，但实际上并不进行集体自杀。[①]

---

① 《胡革纪（阿弋）：微纪录片将于微电影争天下》，http://blog.sina.com.cn/s/blog_4655a36d0102e2dt.html.

第三节 纪录片的解说词

一、解说词作用

在声画兼容的纪录片视听空间里,画面的主体性是毋庸置疑的。但声音语言,特别是解说词的作用也是不可低估的。它对纪录片画面中上下的穿缀、历史的阐释、背景的交代、情节的叙述、主题的升华、情感的抒发、意境的烘托和气氛的渲染,都起着至关重要的作用。纪录片配音是以真实生活为创作素材,以真人真事为表现对象,并对其进行艺术的加工与展现的,以展现真实为本质,并用真实引发人们思考的电影或电视艺术形式通过录音方式录制出来。在《百度百科》的《专题片制作》[①]一文中,提到了纪录片的解说词有以下几个作用:

(一) 形象生动,画龙点睛

形象生动的解说词简洁凝练、优美流畅,能给观众带来无穷的韵味和美的享受。电视专题片不同于普通的电视新闻,也不同于电视娱乐和教学节目,它的制作精细,画面讲究,编辑也在自己理解的基础上独具匠心,要解说、音乐、画面交相辉映,因此对解说词的撰写要求严格,不仅要表现主题思想,还要注意艺术性表现,解说词要生动形象。对播音员配音的要求也很高、很严格,需做到以情带声、以声传情、声情并茂。

(二) 幽默诙谐,情趣盎然

富有幽默感的纪录片解说词不仅能表达创作者的情致和感悟,传递画面语言难以表述清楚的信息与感情,还能让观众在另一种"审美空间"中获得"审美期待"的满足。因为电视配音是对作品的一次艺术再加工、再创造,解说词必需把片中所表达的情感和内容传达给观众,幽默的风格可以帮助影片更好地抓住观众的注意力,传达影片的内容。

(三) 抒情写意,落笔生辉

纪录片的解说词在风格上接近散文,在语言的运用上更注重情感的抒发和诗情的注入,我国传统艺术创作十分注重写意,讲究意境。电视纪录片解说词有了"意"的加入,会很有韵味。从层次、主题、背景到目的、重点、基调等都要经历一个反复揣摩的过程。配合播音员以情带声、以声传情、声情并茂的配音,达到抒情写意的效果。

(四) 饱含哲理,意味深长

纪录片通过对事物敏锐的观察、对生活深刻的感悟、对社会深度的洞察、对人生理

---

① 《专题片制作》,《百度百科》,http://baike.baidu.com/view/2514074.html-.

性的思考,揭示出一种超乎现实的普遍意义和永恒价值。撰稿者必须具有较高的艺术和文化修养,能充分领会作品的思想感情,并把自己的思维纳入影片思维的轨道,做到两者一致,这样才能用解说词准确而忠实地表达出影片的思想感情,否则,就可能使片子的思想内容大大弱化,难以达到声画和谐的统一。

二、配音创作的总体要求

不论是风景片、艺术欣赏片还是人物事迹片等都是感情凝聚的产物,播音员一定要借助这个"情"字,并发挥自己积极而丰富的想象、联想,把自身的整个思想感情都融入其中。当然,配音前对文字消化的越细就越有利于播讲的情绪的把握,也越有利于细致分析出感情的层次和作品的轻重缓急等等,使那强烈的感情不空洞,有可靠的依托。另外也要借助于电视画面的色调,镜头的推、拉、摇,节奏的快慢等艺术手段本身的运用,即电视画面反映出的丰富内容来带动自己的情绪,或激动、兴奋,或沉重、伤感等,使文字稿件与画面相对应,声音与流动的画面和跌宕起伏的音乐协调一致,构成了作品的节奏。[①]

在影视专题片配音中,解说配音是对解说词文字变有声语言的再创作,是对电视专题片整体的凝聚纽带。解说是电视专题片声音的重要组成部分。马克思说过:"语言是思想的直接现实。"配音语言要求有说头、有想头、有品头。

(一) 解说与画面的关系

解说对画面有一种依附性,但解说不是对画面图象的简单重复或直白,它是根据特定的情景和情节,对画面图象进行高度补充、丰富、渲染、点题以增加画面图象的内涵和意义,与画面配合,共同表达一个主题。有时,解说会成为主导,牵引画面随其而行。影片以画面为主时,解说为辅,是指画面内容是表达的主体,画面语言更有价值。解说仅围绕画面适度发挥自己的作用,处于从属地位。解说为主时,画面为辅是指解说所反映的内容远比画面所反映的内容更重要、更丰富,画面不得不将主导地位让位于解说。

解说与画面互补互换是指以画面来反映片子内容中富于形象性的部分,而以解说来反映画面不易表现或较为抽象的内容,使两者的作用都充分得以发挥,在一定时间内反映出更多的内容,使主题的阐述更加全面、充分、深刻。在实践中,应具体分析,具体把握。

解说词的体裁特征是散化、不完整、不连贯。解说的有声语言和画面语言相比,它可以表现片中抽象内容,人物的内心活动,以及过去时的某些内容等。解说不仅可以深化主题,突出画面,扩大画面容量,表达创作者的意图、倾向,而且可以弥补片子在时间、空间上的局限性,加强观众、画面、创作者三者之间的情感交流。电视纪录片的解说在配合画面的形象塑造、意境渲染、情感抒发、知识介绍、信息传递等方面起着不可忽视的作用。

---

① 车咏军,《和谐才能"声"动——浅谈电视专题片配音创作》,《魅力中国》,2010 年 5 月 30 日.

(二)电视专题片解说的心理特征

在解说时要兼顾视、听两个范畴中各创作元素的作用及相互间的关系。具体说,就是在解说时要兼顾画面语言的内容、色彩和镜头运动形式,兼顾音乐的起落、旋律、情调、节奏,兼顾音响效果、同期声的位置、内容、性质与作用等心理调动综合化。

(三)专题片配音与创作要素的合作

题片的创作要素主要有画面图象、形象元素、构图元素、运动元素、角度元素、景别元素、色彩元素、光影元素等,主题片配音是不能单独存在的,只有相互之间成为"黄金搭档"才能是一部优秀的专题片。

三、创作解说词的注意事项

(一)解说与画面情绪、气氛相和谐

解说与画面情绪、气氛相和谐,是片子声画和谐的重要条件之一。解说语言的悲与喜、冷与热、严肃与轻松、扬与抑等各种情绪样式及语言节奏,都来源于对片子的具体内容、画面情绪气氛的理解、把握与体味。

解说情绪的准确,除了内心感觉要到位,还要外化到位,方可体现出来,使人感觉到。这就要注意解说语言色彩的性质、浓淡,语言形式的扬与抑、松与紧等,以及语言表达技巧的运用。应当说,解说情绪与画面情绪气氛相和谐,不能不关注内外两个环节,把握和修正两方面的问题。

(二)与镜头的运动方式、景别、场景相适应

专题片的画面语言是由一组组镜头组接而成的:在拍摄过程中它由推、拉、摇、移、跟等不同拍摄方式组成,在构图过程中它包括远、中、近、特写等不同景别和仰、俯不同的角度。解说词必须和画面风格相适应,与画面节奏相协调。即解说词与镜头的运用,构图、色彩、影调等物化形态相符才行。

(三)画面的段落、位置相吻合

电视专题片的画面有段落、位置,解说也应与其相吻合。解说与画面的段落,位置相吻合,可使受众清楚、准确地体味片子的内涵,产生妙趣横生、触景生情之感。注意两个层次的把握:

第一层次的把握,是指解说与画面大段落与小层次的吻合。在解说时,应当注意把握不能使本段落、本层次的内容错位到上下临近的段落与层次内,以免发生混乱,影响解说与画面的相依与和谐。第二层次的把握,是指解说与片中某一具体景物和形象的严格对位与吻合。

(四) 音乐的情绪、节奏相融合

音乐具有自身的表现规律与效能,在电视专题片中,音乐能够辅助深化主题、渲染气氛、连贯画面、解说、音响效果、同期声等,具有很强的渗透力、艺术表现力、时代气息和地域色彩及氛围感。

与音乐的配合感表现在:在未配乐先解说时,结合具体片子的风格、基调、内容、情节,以及片子类型,要对音乐的类型、情绪、节奏等有所设想,想象正确。

始终关注解说与音乐的配合。片子中的配乐一般分为主导性音乐与背景音乐,通常专题片中的配乐大多为背景音乐,偶有主导性音乐参与。解说与音乐的配合,主要与音乐的情绪、情调等内质和节奏、旋律外在形态相融合,重在心理感觉上,解说不必退让,因为二者地位相同,都是片子创作的要素之一。而相比之下,解说的创作往往重于音乐,但一定要对音乐有很强的兼顾感,这样方可产生解说、音乐与画面的和谐、合力作用。

把握有无音乐的解说感觉。音乐具有较强的旋律性、起伏感,因而,有配乐时的解说,应注意加强心理上与音乐的配合感,使语言的起伏度强于音乐时,以避免语言起伏度小、缺乏旋律和节奏感显平的局面。[①] 这并不是说,无音乐时的语言表达就没有起伏度,而是说,有音乐的解说,语言的起伏度往往适应音乐的性质大于无音乐解说的语言起伏度,并伴随特有的音乐旋律,产生解说表达的特有味道,使人听之和谐有味。

(五) 与音响效果、同期声有机结合

音响效果具有表现性,它既可营造真实的空间环境,实现声音与画面同步的自然属性,也可发挥其暗示、开拓功能的艺术属性,因此,它具有一定的艺术感染力。

音响效果是人为制造的自然声响,它的主要作用是营造、再现一个真实的空间环境,给人以真实感,这在纪实性的专题片中的意义和作用尤为突出。但同时也不可忽视其一定的艺术表现性。

解说要与印象效果、同期声有机配合,着重表现在对音响效果、同期声的性质、作用、内容、位置的了解与把握,并给予适当的融合方式。它体现在解说者的内心感觉和外化形式两个方面。总之,解说与片中诸创作元素的相合,目的是为获得全片和谐之感,它的获得条件是解说同其他视听元素的相依性与参照性,有了解说与其他元素的主动相合,必会极大地促成全片和谐的整体感。因此具有能动性、变通性,具有活力。

四、表达方式

在百度百科《纪录片配音》[②]一文中提到:不同内容、类型、风格的电视纪录片即电视专题片的解说韵味、情调、吐字用声、表达方式上都存在着不少差异,可形成不同的表

---

① 李瑶,《试论电视编导的综合能力》,《活力》,2016 年 6 月 15 日.
② 《纪录片配音》,《百度百科》,http://baike.baidu.com/view/9425410.htm.

达样式。一般来说,观众对一部纪录片的期待是写实,但实际上仅仅镜头和拍摄人的在场这个事实,就可以影响被记录的情况。严谨的纪录片同时也记录下拍摄过程对被记录的情况的影响,来让观众获得一个比较客观的印象。同时留下深刻印象的还有纪录片中的解说声音,那么在纪录片中配音、播音都有哪些表达方式?

以一种表达方式面对各种不同片类的表达,显然是不适应解说需要的。但若从理论上,明确地规定一部片子是什么类型的,该用什么表达样式,恐怕也并非科学,且行不通。因为,每部片子的创作,往往既遵从于一般创作规律,又不拘泥于此,表现出极大的灵活性和创作个性。然而,如就一般规律而言,从模糊思维角度出发,可不妨划出几点,供初学者参考与借鉴。在《纪录片配音》中,将纪录片大致分为:政论片、人物片、风情片和科教片四大类五种解说样式,每种样式都存在不同的解说方式。

(一) 政论片

政论片,它往往就政治、经济、军事、文化等领域中的某一现象、某一观点、某一热点,作为探讨的内容。创作者有明确的观点与见解,并将此,集中体现于相对完整的解说词中,画面多为相应内容的形象展示,画面图像并不全是即时拍摄的,引用相当数量的影视资料及图片、图表用以说明问题。解说与画面的关系多不紧密。

在这类片子中,解说词的作用大多重于画面语言和其他创作元素,解说是主导,解说充满哲理性和思辨性,有很强的逻辑力,有的还很有艺术性。解说除去对有关事实的叙述、分析以外,主要是议论。由于解说具有明理性与论述感,便形成"议论型"的解说样式。

"议论型"解说样式的表达特点是:吐字多饱满、声气力度较强、用声以实声为主,节奏多凝重或高亢。根据不同风格,有的解说又需平实、相对客观、语势较平缓。播政论性片子的解说,语言感觉宜为:严肃、质朴、庄重、大方。有较强的主体感,视角有一定高度,但要把握分寸,不能语言拖沓或拔高调。也不宜亲切、甜美,否则,会削弱其应有的力度与分量。

(二) 人物片

人物片,(不含文献、历史人物片),它往往将各行各业有代表性或有特点的人物,作为反映的对象,以表现一个主题,一种立意。人物片的解说,大多通俗、生活、口语化、艺术化,形式活泼多样,除去第三人称外,还有以片中人物第一人称口气出现的;也有第一、第三人称交替出现的,即时而是叙述者,时而是人物自己的话,解说者既是叙述者,也是片中男女人物的代言人。

在人物片中,解说与画面多呈互补状态,解说表现人物的内心活动或介绍人物经历的背景、事件过程等。画面则对人物形象、人物活动、人物生活、工作环境以及人际关系等给予形象化、直观性的展示。因而,解说者一方面,要把握好自己解说的角度:是第一人称的,要进入人物的主体心态,是一、三人称交替出现的,要注意适当、及时地转换心理视角与感觉。另一方面,要抓住与画面语言的衔接、相伴的依存感。实际上人物片的制作分为两大类：一种是纯即时性的，即反映某一人物人生的一个片断、生活的自然流程，极具人文性。其画面都是即时拍摄的，并有大量同期声相伴，画面、同期声是主体。可以说，大量信息都在同期声中。解说仅在片首、片尾及中间稍作提示、说明，不加任何修饰，是完全意义上的纪实、真实性产物，即被某些人称为"纪录片"的那种。另一种，画面除了有即时性的以外，也动用一些影视新闻资料或图片，讲究色彩、构图、影调，以及片子结构和解说多样化的处理。创作更富于艺术性，是纪实性与艺术性的结合。即被某些人称为"专题片"的那种。

由于人物片的创作形态多样，因而，解说的表达也不尽相同。其中一种人物片，以叙述、倾诉为主，因而，它的表达样式为"叙说型"。它的表达特点是：吐字、用声适中，节奏多舒缓或轻快，表达更接近生活语言，极为自然、流畅。有时，第一人称解说还需要个性化。用声以半实为主，有时需要，甚或半虚，用以倾诉个体内心，显得自然、亲切。人物片的解说。语言应亲切、自然、不宜过扬、刻板和过于规整。一般而言，应有很强的交流感，感情色彩较浓，处理较细。

而另一种完全"即时性"类的人物片，则解说感觉有所不同，由于其解说只起字幕提示作用，担负的功能简单、有限，或解说的身份感是记者、编导，多站于冷静、旁观的角度，希冀以镜头记录的生活本身来讲明一切。如纪录片《在日本留学的日子》的解说处理。故解说感觉多不动声色，语言多平缓、客观、恬淡，与片子的风格和解说的作用相匹配。这种解说方式，不妨称为"字幕型"。值得指出的是，此种创作方式和解说的片子呈发展趋势，也很受人们的青睐。许多解说者和编导便只垂爱此种方式，见解说便处理成这种样式，结果有的解说不伦不类。改变的方法只有一个：参考片子的创作方式，适合什么类型的解说方式就用什么样式的语言处理，不凭个人的好恶感来处理解说。此外，电视纪录片即电视专题片的创作多种多样，不可能以一种方式一统天下。一定要具体情况具体对待，适应多元化创作。

（三）风情片

风情片（包括风光片），它往往对某一地域的风土人情、名胜古迹或风光美景等给予展现，以满足人们猎奇、欣赏与拓展视野之目的，它兼有欣赏性和知识性。风情片以展现景物的画面语言为主，解说大多处于辅助地位。仅就风土人情的背景、风光的妙趣、名胜古迹的历史与特点等，给予一定的说明、指点，或描绘、抒情和烘托。由于风情片以描绘、抒情为主，因而，它的表达样式为"抒描型"。

"抒描型"的解说表达特点是：吐字柔长，用声轻美柔和，节奏也多舒缓、轻快。为了与优美、明丽的画面和音乐相融合谐调，配音应特别注重突现解说语言的音乐美，注意字音完满，有时甚或稍有夸张或拖沓，形成音韵美，好似与音乐共同形成蜿蜒的旋律，产生美感。由于风情片的解说词多引名句、诗词，多比喻、对偶、排比等句式，多描绘、抒情，因而，解说语言经常呈现一种韵味感和抒情性。根据需要，风情片的解说语言大多可以有所修饰，以更加贴合画面、音乐和解说词本体创意，形成全片整体美感，体现艺术性和欣赏性。风情片的解说，应有兴致、有情趣，要细致地描绘、真挚地抒情、由衷地赞美,表达基调多扬少抑,语言多亲切、甜美、柔和、真挚。不能语言带调、基调沉、语言硬、语速快和情感冷漠,也不能情感假、语调哆。反之,都会削弱对景的赞美和对情的抒发感。同时,应避免只注重语言的美感而放松语言清楚的倾向,或都用朗诵味来处理所有的解说。

(四)科教片

科教片,它包括科技、卫生、文体、生活等各个领域的知识与教育。这类片子往往将各种需要讲解、表现的事物和需要阐明的道理,采用动画、特技等超现实手法以及片中人物的实际操作演习,将所要涉及的事物清楚地展现出来。而大量的原理、运用等知识却需解说来讲解。因此,在这类片子中,画面与解说也是互补性的。由于科教片解说以讲解说明为主,因而,它的表达样式为"讲解型"。

"讲解型"的解说表达特点是:用声平缓、语言稳实、质朴。由于科教片大多内容比较枯燥,因此,解说更需要增强其语言的生动性、形象性和兴味感,以使人更好地接受其内容。科教片的解说,不宜太扬、太飘、太快,要让人听得清楚明白、有兴。同时,解说不需太多感情色彩,但需耐心、热情、内行。比如,解说一部教人们打太极拳的体育知识片,解说者不但要弄懂并内行、生动地介绍片中的内容,还应在语言中注入肢体感、运动感,体现其方位、动势,显示解说者的内行、有兴味。同时,也不枯燥。除此之外,产品介绍等商业、生产片,以及军事知识片等的解说,也同样适用。

电视纪录片即电视专题片解说,不仅以上这几种样式,还有"明快、参与型"的体育片、"活泼、诱导型"的儿童片等多种解说样式以及各种混合型。解说样式有其基本属性,但运用时,根据一度创作需要,一部片子有时会有两种或更多语言样式混合使用,不可用一种解说样式死套。这样,往往表达不充分,因为一度创作是千姿百态的。

以上所述表明,不同片类具有基本的解说样式,不同内容、风格的片子,均有不同的解说感觉。从这个意义上讲,解说的表达具有多重性,单一性的解说样式不能适应工作需要。

专题片种类繁多、形式多样,并且随着影视艺术的蓬勃发展不断的创新变化,本文中的观点是笔者在实践中的经验总结,难免有偏见和粗浅之处,也许会贻笑大方。但希望会给对专题片配音有兴趣的人带来收获。

第四节　案例分析

一、《舌尖上的中国》

首先我们看一下中国近些年最有名的美食纪录片之一——《舌尖上的中国》系列。

图8.2　《舌尖上的中国》第一季海报

　　《舌尖上的中国》为中央电视台播出的美食类纪录片,主要内容为中国各地美食生态。通过中华美食的多个侧面,来展现食物给中国人生活带来的仪式、伦理等方面的文化;见识中国特色食材以及与食物相关、构成中国美食特有气质的一系列元素;了解中华饮食文化的精致和源远流长。2012年5月22日,该片在播出最后一集《我们的田野》后完美收官。[①]

图8.3　《舌尖上的中国》第二季海报

　　《舌尖上的中国》(第二季)作为一部探讨中国人与食物之间关系的美食纪录片,以食物为窗口,读懂中国——通过美食使人们可以有滋有味地认知这个古老的东方国度。一方水土一方人,本片将通过展示人们日常生活中与美食相关的多重侧面,描绘与感知中国人的文化传统、家族观念、生活态度与故土难离。人们收获、保存、烹饪、生产美食,并在其过程中留存和传承食物所承载的味觉记忆、饮食习俗、文化形态与家常情感。本

①　《〈舌尖上的中国〉品味中华美食文化》:http://blog.sina.com.cn/s/blog_4e2f8643010106ii.html.

片共 8 集,将从时节、脚步、心传、家常、秘境、相逢、三餐七个角度来讲述中国美食故事,第 8 集为拍摄花絮。

图 8.4 《舌尖上的中国》第三季海报

总导演陈晓卿透露,和前两部不一样的是,"舌尖 3"将在全世界的框架下审视中国美食,将世界美食和中国美食进行比照。春耕、夏耘、秋收、冬藏,天人合一的东方哲学让中国饮食依时而变,智慧灵动,中医营养摄生学说创造了食材运用的新天地,儒家人伦道德则把心意和家的味道端上我们的餐桌。淘洗历史,糅合时光,一代又一代的中国人在天地间升起烟火,用至精至诚的心意烹制食物,一餐一食之间,中国人展示个性,确认归属,构建文明,理解和把握着世界的奥妙。中国饮食生长于传统文化的沃土,在宽广的时空中,以感恩之心去领悟食物给予我们珍贵的滋养,《舌尖上的中国》第三季继续近观饮食之美,远眺中华文化的魂魄。

《舌尖上的中国》是中国第一次使用高清设备拍摄的大型美食类纪录片,定位于"高端美食类纪录片",第一季只有 7 集,从 2011 年 3 月开始大规模拍摄,历时 13 个月拍摄完成,镜头由中国 70 个不同地方采集而来。摄制组行走了包括港澳台在内的全国 70 个拍摄地,动用前期调研员 3 人,导演 8 人,15 位摄影师拍摄,并由 3 位剪辑师剪辑完成。

《舌尖上的中国》中每一集都是由分集导演根据确立了的分集主题再去找寻符合主题的人物故事拍摄。当每个分集主题确立后,分集导演都需要经过 3 个阶段才会进行拍摄:第一个阶段是"文案写作"阶段,即分集导演看大量有关该主题的书,调查,并写文案;第二个阶段是"调研"阶段,确定分集要有什么的美食需要拍摄;最后是根据单个美食去各个地方进行拍摄,并在拍摄地区寻找适合的人物以表达该种食物,承载这个地区的美食的人物故事拍摄。

第一集是七集纪录片的重中之重,因而这一集安排了任长箴和程工二人共同担当编导。

在卓玛采松茸那段录制中，卓玛一个小时只能采集一颗松茸，或是更少，按照这个速度完成拍摄可能需要任长箴和她的队友半个月的时间。因为松茸稀少，所以不得不摆拍，于是，剧组就把挖好的松茸掩埋在土里，进行"摆拍"。如果是真挖出来的松茸，而镜头对焦没对好，就把松茸埋回去再拍一遍。

而至于片中《湖泊的馈赠》里出现的在湖北嘉鱼的职业挖藕人，事先，湖北咸宁电视台的编导陈玲已经帮剧组摸好了情况，但10月份，剧组到了现场才发现，这"两个湖又小又不漂亮"，于是，剧组打听了一个私人的湖，而且"第二天有三百人一起下湖挖藕"，便临时换了拍摄地点。光三百人一起下湖的镜头，摄影师就拍了三天。因为在野外光照太强，拍摄的时间只能集中在上午九点之前和下午四点半之后。对于手里拿着摄像机的摄影师来说，在淤泥下拍摄完成工人挖藕的整个过程后，先要把摄像机递给摄影助理，然后两个挖藕人把摄影师腿边的烂泥铲掉，再合力把摄影师拉出来，一个上午最多能拍三五个镜头。

二、《中国影像方志》

我们来看一下由中国中央电视台出品叙一文化传媒（上海）有限公司制作的《中国影像方志》安徽潜山篇①摄制组是如何完成一部纪录片的拍摄工作的。要完成一部纪录片的拍摄，或者其中一天的工作，需要进行哪些准备，完成哪些工作，都是值得我们研究学习的。

（一）撰稿

首先去"前采"（接触主人公，找选题，踩点），然后跟撰稿一起梳理脚本思路。然后写脚本，脚本完成后给投资方——央视审核。

部分撰稿内容如下。

中国影像方志　安徽潜山篇

引言

天柱一峰擎日月，洞门千仞锁云雷。——唐·白居易《题天柱峰》

在上古神话中，流传着一个故事：水神共工与黄帝之孙颛顼（zhuan xu）大战，共工不敌，便怒触了不周山，于是天倾西北，地陷东南，幸而大地中部的一座高山，稳住了天的中央，天地才未重回混沌。

在安徽省西南，群山拱围之中，伫立着一座名曰天柱的奇峰，巍巍群山难胜其高，云涛雾浪不障其形，它正是神话中阻止天地倾塌的中天一柱，为中部大地撑起了一片宁静安详的天空。这片隐藏在奇峰峻岭下的古老土地，叫做潜山。

石刻记（同期）

天柱之奇异灵秀，引历代文人墨客到此游览，古人将唐之豪放、宋之风情、明之清婉

---

① 《〈中国影像方志〉安徽潜山篇》，党东导演，2018年播放于中央电视台.

镌刻于险峰之上、溪谷之中，形成了壮观的摩崖石刻群。

摩崖石刻，中国古代一种勒石记事的艺术形式，在天柱山南麓已经流传了上千年。李丁生是县博物馆的原馆长，他与摩崖石刻结缘已三十多年。给热心文物保护的年轻人传授拓片技巧和知识，是李丁生现在的日常工作之一。这些石刻承载着潜山的历史和骄傲，值得他用一生去守护。

天柱山的摩崖石刻群一共有四百多方，由于规模宏大、保存完好，十分罕见。而山谷流泉是石刻最多、最集中之处。绝句真迹交相辉映，书法流派争奇斗艳，形成了一座独特的"石刻艺术博览馆"。其中不乏黄庭坚、王安石、苏轼等名家之作。除诗词之外，还记载着当地的政治、经济、军事等重要事件。

宋皇祐年间，王安石出任舒州通判，潜山便是当时舒州的治所。他深感民生疾苦，多次上书兴利除弊，但人微言轻，终不为用。"水泠泠而北出，山靡靡以旁围；欲穷源而不得，竟怅望以空归。"王安石写下这首诗，满是壮志未酬的迷茫与无奈。

多年后，王安石终得入相，致力变法，再次回到这里时，心中已云淡风轻，挥洒出深情诗句，对这片山谷溪流，诉说着永远的眷念。"水无心而宛转，山有色而环围，穷幽深而不尽，坐石上以忘归。"（诗文特效）

在王安石辞世十五年之后，曾因政见不和针锋相对了半生的苏轼，最终在此一笑泯恩仇，在这片石壁上隔着时空寄托哀思。"先生仙去几经年，流水青山不改迁；拂拭悬崖观古字，尘心病眼两醒然。"（苏轼的诗文特效）

历史悠悠流转了九百多年，天柱山畔依然溪水潺潺，石壁上的传奇故事，在潜山人的生活中口口相传，世代难忘。而千百年来的风霜侵蚀、山洪冲刷，让镌刻下的文字渐渐模糊，不少石刻损毁严重。拓片，能够真实记录下石刻的原貌，为遗迹的修复和保存提供最有力的佐证。

同期声：天柱山的石刻我们都做了拓片，拓片是保护石刻的一种手段，它能真实保存石刻的原型原貌。

1986 年，李丁生开始从事天柱山摩崖石刻的保护工作。在他和政府部门的努力下，保护工作很快启动。山谷流泉景区内搭建了护栏，对松动的石刻进行了加固。与此同时，对山谷流泉的全部石刻进行拓片也全面展开。（拓片画面）

同期声：这些地方应该用小石子一点一点来做。

危机最终得到了缓解，而李丁生又马不停蹄的投身到天柱山其他石刻的保护工作中。

天柱山区的其他石刻大多立于陡峭的岩壁之上，要接近它们进行拓片十分困难，李丁生和他的同事们为此付出了长期而艰辛的努力。再次来到天柱山脚下，仰望着头顶的一处石刻，李丁生感慨万千。

同期声：崖壁太高，我们没办法站立和接近，最后我们借来两根绳子栓在梯子上，升上去，晃得厉害，非常危险，最后还把它做下来了。

八年中，李丁生和同事们踏遍了天柱山的每一个角落，共拓片 400 多张，将绝大多数的摩崖石刻记录保存了下来。2001 年，山谷流泉摩崖石刻群被列为全国重点文物保护单位,它的保护等级和力度终于又得到了大幅度提高。

古人在石壁上镌刻下诗篇,流芳千古,他们的后代子孙将这些瑰宝小心呵护,一一珍藏。这里刻下的每一个字,每一句诗,滋养着一代又一代的潜山人,诗情文脉在潜移默化中奔流不息。

地名记

关于天柱的古老神话,源于先民们对自然的敬畏和美好想象,而天柱山形成的真正秘密,正蕴藏在山中这些嶙峋嵯峨的岩石之中。

采访地质专家(南京大学徐夕生教授,长江学者):……

两亿多年前,华南板块和华北板块那场惊天动地的碰撞,让天柱山拔地而起,再经过亿万年的风化、崩塌、落垒,造化出奇峰巉(chan)绝的玄妙风景。

春秋时期,这里是皖国都邑,皖国之主皖公仁厚慈爱,百姓对他崇敬有加,就把天柱山称为皖公山,水称皖水,城称皖城。"皖"的本义是完美清白,德行高尚,它寄托着百姓对皖公的赞美,也承载着对这片山川土地的期待。

金戈铁马踏碎了古皖国的宁静。三国时期,皖城是魏、吴双方争夺的重地。据《三国志》记载,周瑜跟随孙策攻下皖城后,分别娶了小乔与大乔为妻,乱世烽烟中,英雄美人的佳话千古流传。南宋末年,元军入侵,当地豪杰刘源联合周边山寨,据天柱山之险,英勇抗击了元军长达十八年,将忠贞与不屈遍洒在苍山翠林之间。

元至治三年,潜山建县。潜为幽岩邃谷,穷之益深之意。所谓潜山,指代的便是位于县城西北,那座顶天立地的天柱山。

清朝乾隆二十五年,潜山所在的安庆府是安徽省的省会,源自于古皖国的皖江文化也成为了安徽省的标志性文化,自此,皖,开始做为安徽省的统称和简称。

今天的潜山,山脉连绵,森林青翠,潜、皖两河在数千年的岁月里缓缓流淌。这里的人们相信,不管朝代如何更迭,风云如何变幻,中天一柱都会巍然屹立在他们身后,和他们一起守护着这片美丽的家园。

特效:面积1 686平方公里。

人口58.5万

民族:汉族、回族、苗族、土家族、壮族、满族等。

特产:天柱山瓜蒌籽、茶叶、桑皮纸、雪湖贡藕、油茶、舒席。

人物记

朱显亮是张恨水研究会的一名学者。近年来,他一直在从事张恨水先生抗战时期作品的研究,这些作品中的家国情怀深深感动着他,为此,他在2015年组织了《抗战文字先驱张恨水》的专题巡回展览。

同期声:这是他第一步抗战作品叫《太平花》,当时发布在上海的新闻报……

最近,朱显亮正在为县里举办的"恨水文化节"筹备节目。

同期声:(唱歌……)同学们这个精神状态还要饱满一点,还要更有力量一点。

相对以前单一的学术研讨活动,朱显亮希望今年用一些新的方式,让更多的人了解和喜爱张恨水和他的作品。

1912年秋,一位少年回到故乡,余井镇黄岭村,父亲突然亡故,17岁的他无法再继续学业。在老宅的书屋中,少年将心中的苦闷宣泄于书本和笔尖,从此,他与文字结下了不解之缘。这个少年名叫张心远,一年之后,他在投稿时署上了"恨水"这个笔名。

后来,他辗转了大半个中国,从懵懂少年成长为满腹经纶的才子,凭借《春明外史》、《金粉世家》等作品成为了家喻户晓的小说家,被称为赋予章回体新生命的"民国第一写手"。以他为骄傲的潜山人习惯将天柱山与张恨水并称为这里的"一山一水"。

采访孔庆东:张恨水学习了很多新的、代表着时代的文学创作技法,但内核仍保持了中国传统,带有着"上善若水"的胸怀与气度,他的作品也带着水的品格。天柱山和张恨水结合起来,正好是"一山一水"。

虽然张恨水因书写爱情的小说而成名,但天柱山根植于他血脉之中的坚强与忠贞,从未改变。

卢沟桥事变爆发后,他执笔站了在文艺抗战的第一线,在八年的战火中,他创作了八百多万字的抗战小说,《虎贲万岁》、《大江东去》、《巷战之夜》……一部部作品记录下抗战将士的忠勇和亿万同胞的坚韧。爱国激情让他的文风从细腻缠绵变得沧桑雄浑,使他的创作走向了新的高峰。

在今年的"恨水文化节"上,除了回顾张恨水的抗战作品外,重现张恨水在梅城中学的抗日演讲是最重要的节目,为此,朱显亮抓紧了一切时间帮助同学们进行排练。

同期声:我们这个节目是文化旅游节开幕式上压轴的节目,明天演出的时候,我希望大家能呈现出作为恨水故乡的学子那种,朝气蓬勃,奋发向上的状态。

(开幕式实况)

澎湃的爱国激情穿越了时空,让身处和平年代的人们,重温今日时光的来之不易。

这方山水的雄浑壮美,造就了潜山人如磐石般坚韧的气节,在这一山一水中滋养出的文化,流淌在山间地头,尽诉着他们的自由与追求。

音律记（歌声）

每年的农闲时节,地处潜山县西南的五庙乡,总能听到悠远的吟唱在山畔回荡,许家畈的村民们会聚集到山坡上的一间老屋,等待着许家畈弹腔社的演出。

(演出同期声。)

村中的人最爱听、最爱唱的,就是这一曲潜山弹腔。潜山弹腔这个发源于潜山,古老而稀有的民间戏曲剧种,在天柱山下已传唱了三百多年。

京剧表演艺术大师程长庚是潜山人,他被后人誉为"京剧之父"。而他的父亲是潜山弹腔演员,因此他从小就受到潜山弹腔的耳熏目染。跟随父进京搭班后,他的唱腔仍保留着浓浓的徽调韵味,一招一式、也都是遵循老徽班的演法。无论他走得再远,都在用一念一唱牵挂着故乡的山水人情,默默诉说着乡愁。

采访韩再芬:京剧鼻祖程长庚是潜山人,他十二岁学艺,艺成后进京搭班,在徽班里崭露头脚,逐渐名震京华……

许家畈弹腔社组建于光绪二十三年,它的成员都是土生土长的农民,从未受过正规的艺术训练,只凭着一腔热情将潜山弹腔口口相授。

同期声:我手里拿的这个剧本,程长庚的父亲也演过排过,重排这些老戏是责任重大和有意义的事情。

这位年逾古稀的老人叫做鲍礼义,是潜山县黄梅剧团的老师,自从 2015 年许家畈弹腔社进行老戏复排,他便经常来到五庙乡的传习所,指导着许家班的排练。

有着六十年从艺经验的鲍礼义,不仅表演经验丰富,更是对戏有着整体的专业把控。他加入后,从剧本、人物、唱腔、体态等各方面进行了全面指导,将毕生的所学倾注在了这门古老的艺术上。

同期:关公的造型特别是眼睛叫丹凤眼,亮相的时候眼睛不要睁得太大。

同期:手挽手,送先生……到长亭……(演示唱腔)

在鲍礼义的帮助下,许家班开始复排老戏《徐庶荐诸葛》。他对潜山弹腔的复兴寄予了很大的期望。

同期:我们排练一定要抓紧,后面农活多了,希望大家还是要抽出时间练习,不要松懈。)

同期:(后台)我是演黄梅戏的,但是我们对这个弹腔呢,还是在学习中。

为了更好地传承潜山弹腔,鲍礼义在县城的黄梅戏剧团里,组织有表演功底的戏曲演员,对老戏《二进宫》进行复排。

(排练同期声)

对鲍礼义和弹腔社的成员们来说,老戏复排只是一个新的开始。让弹腔活下去、传下去的责任,沉甸甸的落在他们肩头,任重而道远。

同期:你看,这个动作是这样的……

无论是昨天名扬四海的京剧泰斗,还是世代传唱的普通农夫,在他们血脉中流淌着的热忱和坚持,都来自于这座顶天立地的山峰,它托起了梦想,守护着信念,让游子于远方与故乡心灵相通,也让故乡的曲调与神韵,在四海八方悠悠唱响。

手工记

(刘同烟同期声):这种纸比较薄,是桑皮拓印纸,主要用于古碑拓印。

他叫刘同烟,是桑皮纸制作技艺的国家级非物质文化遗产传承人,这项技艺,曾在潜山官庄镇流传了一千七百多年。而桑皮纸是作为字画装裱中命纸的上佳材料,为历代文人墨客所钟爱。

(刘同烟同期)我家祖上都是做桑皮纸的,到我这里已经是第五代啦!

这个小小的造纸坊伫立在村中已有近三百年,它是刘同烟祖祖辈辈的生活依靠。

但到了 20 世纪末,随着社会的发展,使用桑皮纸的人越来越少,很多生产桑皮纸的民间工匠都退出了这个行业,而刘同烟则本着对桑皮纸的热爱和对传统的坚守,一直艰难地前行,始终没有放弃桑皮纸的生产。

刘同烟生产的桑皮纸,因为保持了最严格的选料和最传统的工艺,纤维的长度和韧性都远远大于普通桑皮纸,这使他在同行中鹤立鸡群。

2005年,故宫修复乾隆倦勤斋时,选中了刘同烟生产的桑皮纸,他的多年坚守终于得到了回报。同时,随着传统文化的复兴,市场对手工桑皮纸的需求量也日益增大,越来越多的订单蜂拥而至,刘同烟的小工厂所生产的桑皮纸很快就供不应求。

客户同期:刘大师,我上次订的纸,什么时候给我发货啊?

【无奈的刘同烟】

手工桑皮纸的工艺非常复杂,光是对原料的处理,就要花上三个月的时间。首先,桑树皮必须是来自天柱山上,年龄超过两年的野桑树,水必须是来自山中呈弱碱性的活泉水,然后经过蒸、揉、浆、洗等二十多个步骤,才能得到纸浆。任何环节的瑕疵都会直接影响到产品的耐折度。而掌握手工生产技术的师傅,加上他自己,也只有两个人,一个月的产量只有一到两万张。

面对有限的生产能力,刘同烟陷入了苦苦的沉思。有没有一种方法,既能提高效率,又不影响桑皮纸的质量呢?

刘同烟最终将视线落在了装满纸浆的池中——当前使用的抄纸工具,必须两个人一起同时操作,如果能把它改为成单人操控,并不会影响品质,而生产效率却能提高一倍。

同期声:改装后的呢,我加了两个把手,来控制两头的连翘,也就是原来两个人抄纸时候各自拿的那一边,这样的话,一个人操作起来就活动自如,就能捞更多的纸。

经过一百多次的失败,无数次的调整,改良后的单人抄纸工具终于成功地做出了第一批合格的产品,桑皮纸的产量终于得到大幅度提高。随着中国国力的增强,传统文化越来越受到重视。人们对于桑皮纸的需求还在不断增加,面对这样的形势,刘同烟还要继续提高产量,前面的路还很长。

在这片土地上,还有许许多多像刘同烟一样,传承着古老技艺的工匠,他们在漫长而坎坷的岁月里,珍惜着每一份天柱山给予的馈赠,坚守着对祖先的承诺,让传统重燃生命。

当代记

导游同期:游客朋友们,我们现在所处的位置是在海拔1426米的天池峰……

天柱山的奇峰秀水,自古至今都吸引着无数游人造访,今天的天柱山更是凭借得天独厚的自然风光和重要的地质研究价值,成为了首批国家级风景名胜区。

更重要的是,天柱山南部有着揭示地壳运动真相的岩石科考区、北部的花岗岩景观峰雄岭秀、石奇洞幽,是极具科学价值与特色的地质遗迹和自然遗产。

郑老同事同期:郑老师,早!

郑老同期:早!

郑炎贵现在是天柱山管理委员会的顾问,生于天柱山脚下的他,曾多次陪同国外的地质专家,考察天柱山和附近山丘的地貌及山石的物理构成。从2000年开始,就有一个想法——为天柱山申报世界地质公园。

经过艰苦而漫长的努力,2011年7月,郑炎贵终于迎接到了联合国教科文组织委派来的两位专家,他们对地质公园进行了考察验收,天柱山一步一步获得了来自国际的认可。

2011年9月17日,在挪威的奥斯陆,天柱山被联合文教科文组织正式授予了世界地质公园的称号,成功赢得了来自全世界的赞叹,中天一柱终于托起了潜山人走向世界之梦。

同期声:你看,这些都是我当时申报世界地质公园时候准备的材料,以及按照联合国教科文组织要求制作的文本。

申请到世界地质公园后,天柱山得到了更好的保护,同时旅游业也因此得到大力发展。

现在,郑炎贵又开始筹备为天柱山申报世界自然遗产。

郑炎贵同期声:天柱山是地质奇迹,世界自然遗产申请成功的话,会使天柱山得到更好的保护,所以申报世界自然遗产很有必要。

申请世界自然遗产,对保护区的要求更高,他一次又一次来到保护区内的村中,给村民讲解申请自然遗产的重要意义,解释保护区的相关要求。

同期声:……按照要求需要拆迁,希望大家能够配合。

郑炎贵和他的同伴们深知申遗之路任重而道远,但他们坚信,大自然造就的天柱之奇必将再次受到世界的瞩目。

在潜山人的不懈努力下,天柱山已经成为一个国际旅游胜地。天柱山的旅游推介会也早已走出了国门,成为中俄两国"两河流域"合作的重要项目。越来越多的外国友人爱上了这片古老神奇的土地。他们每年都来此长住,在山水怀抱中亲近自然,修身养性。而潜山的居民们也将这些热情友好的外国游客,当作了"自己人"。旅游的发展为他们打开了一扇崭新的大门,他们不但开发出了一系列新型的文化旅游项目,还将独具天柱山特色的传统农业、手工业制品、医药健康产品与旅游发展相结合,开辟了一条充满希望的脱贫致富、绿色发展之路。

群山环抱中,天柱峰立于云霄之间,"中天一柱"四个大字在阳光下静看风云变幻,印证着潜山人的不畏艰险,敢为人先的优秀品质。

后　记

中天一柱,是这一方水土的脊梁,它静默地伫立于浩瀚的时光之中,历经风雨而终不改其节;它赋予这方山水的厚重与坚韧,深深地根植在每一寸土地上,烙印于每一个人的心中,让今天的潜山,壮怀昂首,大步向前,坚守忠贞刚毅之初心,托起中部崛起之璀璨。

（二）导演注释

中国影像方志·潜山篇——导演注释版本

剧本内容	视觉化注释
1. 总片头	动画制作天柱不周山倒塌,地陷山崩等。
2. 引言	
天柱一峰擎日月,洞门千仞锁云雷。 ——唐·白居易《题天柱峰》	1. 天柱山。航拍,天柱峰电动延时摄影,天柱峰附近日出云海延时摄影。
在中国的上古神话中,流传着这样一个故事:水神共工曾因不满颛顼(zhuan xu)的统治,引发了一场上天入地的大战,然共工不敌,怒触了不周山,于是天倾西北,地陷东南,幸而中天一柱如擎天一臂,稳住了天的中央,天地才未重回混沌。	2. 县城航拍,构图上可带上天柱群山。
在安徽省西南部,群山拱围之中,仁立着一座名曰天柱的奇峰,层峦叠嶂的群山难胜其高,如涛似浪的云雾不障其形,它正是传说中阻止天地倾塌的中天一柱,经历了亿万年的劫难,为中部大地撑起了一片宁静安详的天空。 这里的人因峰而聚,这里的城因山而名,这里的传奇因天柱而生。这片隐藏在奇峰峻岭下的古老土地,叫做潜山。	1. 夜晚星空延时摄影。 2. 古代地图标注皖城地理位置。 3. 拍摄县博物馆前的梅园。(望梅止渴传说发源地)
3. 小片名:中国影像志 安徽卷 潜山篇 4. 目录:地名记 英烈记 文化记 音律记 手工记 现代记后记 (1)地名记 潜山县原名皖城。春秋时期,潜山为皖伯封、皖国 1. 皖公像航拍,缩时摄影。重建的古皖国大门延时摄 都邑,皖国之主公仁厚慈爱,治理有方,百姓崇其政,故尊称天柱山为皖公山,水称皖水,城称皖城,古皖人在此安居乐业,子孙绵延。安徽省简称"皖"即源于此。 斗转星移,金戈铁马踏碎了古皖国的宁静安详。三国时期,皖城地处吴头楚尾,是吴魏争夺的重地,在这里,诞生了曹操行军时"望梅止渴"的典故,也流传着孙策和周瑜拔皖城、娶二乔的佳话,乱世烽烟中,这里的建置和名称时移事迁,直到公元1323年,才正式有了潜山县的建置。 明《一统志》记载:"至治间析置潜山县,以山为名"。元至治三年,潜山建县,县名正来自境内的潜山。而潜山又所指为何?《明史·地理志》曰:"西北有灊(qian)山,亦曰天柱山,亦曰皖公山"。灊通潜,取"幽岩邃谷,穷之益深"之意,所谓潜山、皖公山,指代的都是位于县城西北,在群山环绕中那座顶天立地、可擎日月的天柱山。 潜山县因山而得名,也因山而闻名于天下。 天柱之奇异灵秀,引历代文人墨客到此游览,挥洒诗篇,其中不乏李白、白居易、黄庭坚、王安石等名家之作。天柱山下,清谷流泉,石壁上载满了大大小小三百余幅摩崖石刻,唐之豪放、宋之风情、明之清婉都镌刻在这条长约五百米的青翠溪谷之中,在这片土地上留下深深的印记采访韩璞庚主编:"时访左慈高隐处,紫清仙鹤认巢来。"白居易的这两句诗,正是说明了天柱山的景色之秀丽、魅力之深远。历代的文豪、名士来到这里,都流连忘返,不愿归去。比如黄庭坚,还有王安石,都想把这里当作人生最后的归宿。	1. 制作翻书动画,文字动画。 2. 航拍天柱山,天柱峰,县城。 1. 天柱山—天柱峰航拍。 2. 制作李白白居易等诗文文字水墨特效。 3. 拍摄摩崖石刻。延时摄影。 在摩崖石刻采访韩璞庚主编。

（续表）

剧本内容	视觉化注释
今天的潜山为安庆市辖县,境内森林青翠,山脉连绵,潜、皖两河环抱,数千年的岁月缓缓流淌,山,永远是这片土地最坚实的依靠。这里的人们相信,不管朝代如何更迭,风云如何变幻,中天一柱都会巍然屹立在他们身后,和他们一起守护着这片美丽的家园。 　　(备注:潜山县基本信息——潜山县为安徽省安庆市辖县,扼大别山咽喉,临长江黄金水道,毗邻合肥、安庆空港,总人口 58.3 万,总面积 1 686.03 平方公里,境内央视县志信息模版制作山峦起伏,呈现出"七山一水两分田"的地貌特征,全县森林覆盖率达 53%,其中,天柱山主景区的森林覆盖率高达 95%。)	1. 潜山县城航拍。县城周边群山航拍。 2. 潜河航拍。 3. 天柱峰延时摄影。 央视县志信息模版制作
(2)英烈记 　　潜岳苍苍,将坚毅深深埋藏于潜山人的血脉之中,谷口溪流纵横,把传奇汇聚成歌,流入滔滔潜河。在这谷口山当地的一位抗元英雄——刘源。	1. 天柱山航拍。 2. 野寨中学及附近的小镇及河流航拍。 采访潜山县博物馆或者文物局相关专
采访专家:刘源,绰号野人,本是南宋末年潜山的一个普通乡绅,当蒙古人的铁蹄踏碎中原之时,他在天柱山名"野人寨"。刘源据天柱之险,藏十万军民于山中,一夫当关,万夫莫开,与元军抗战长达十八年之久。 　　据传刘源麾下有一支娘子军,据守着东关迎真峰,她粮尽弹绝。元军派人上山劝降,女将一刀斩来使,誓死不降,纵身跃入了万丈悬崖,将血肉之躯归于这片养育她们的山川。 　　她们身体之中流淌着的刚烈与伟岸,遍洒于苍翠山林之间,与连绵的山峰融为一体,守护着脚下这片她们深爱着的土地。迎真峰被后人称为英烈寨,在岁月的流转中与中天一柱遥遥相望。	1. 拍摄相关碑文。 2. 航拍东关迎真峰,延时摄影。 3. 收集宋元时期战乱视频资料。 4. 刘源墓。航拍刘源墓地附近的山脉。
青山处处埋忠骨,何须马革裹尸还。这连绵苍翠的山伴着书声琅琅,依偎在天柱山畔的这座青青校园,叫做野寨中学。 　　同期声(王胜生):我出生于 1945 年 8 月 15 日,这一天正好是抗日战争中日本宣布投降的日子,所以我得名"胜生"。 　　今年已经 72 岁的王胜生曾是野寨中学的一名数学老师。2012年,已经退休 7 年的他再次走进了这所曾与自己相伴二十多年的校园,因为这里有一座承载着忠烈精神的陵园,需要得到更好的守护和传承。	1. 野寨中学校内环境空镜头,航拍,延时。 2. 教学楼空镜头,学生上课画面。 3. 在学校内部博物馆里采访王胜生。
1939 年到 1943 年,国民革命军 48 军 176 师九百八十五名抗日将士在天柱山沿线对日寇的防御战中,浴血奋斗,立下赫赫战功,将生命和鲜血永远留在了这片土地上。一寸河山一寸血,一抔(pou)热土一抔魂。这些埋骨他乡的战士,早已将整个华夏大地视为乡关战场,将他乡当做故乡。 　　采访王胜生:学校里的这座纪念碑,记录着抗日将士的忠诚与壮烈,寄托着后人对他们的景仰与思念。野寨中学有一个传统,不管是新生入学还是毕业离校,一定要到忠烈祠前祭拜英烈。 　　同期声:向烈士敬香! 　　学生们:"三年学业,今朝毕业,慷慨出征,气动山岳,忠孝立身,尚武崇文,景忠觉后,育我成人,待我功成,告慰英魂。" 　　每年的 6 月 6 日,铿锵有力的誓言都会在青松翠柏间浩然回荡,忠烈祠前的青春少年,即将走上高考的考场,迎来人生的转折。祭拜英烈,和烈士们告别,是在阔别母校之际必须要做的事。无论他们未来会走向多么广阔的天地,这誓言都将深深铭刻于心,与他们相伴一生。	1. 拍摄烈士墓碑,墓地,纪念走廊空镜。 2. 拍摄在王胜生带领下学生在墓碑前献花,敬礼,唱校歌。 3. 采访野寨中学方立平主任。 诗词文字动画

（续表）

剧本内容	视觉化注释
而在三个月后，又将有一批朝气蓬勃的面孔，乘着阳光来到这座校园，追寻着历史的足迹，聆听着前辈的故事，在"品格至上、忠孝为先"的教诲中苗壮成长。 　　同期声：高一年级新生向烈士献花！敬礼！礼毕！唱校歌 　　唱：浩淼潜川，巍峨天柱，壮哉野寨风光。堂堂公墓起岗峦，先烈永流芳采访野寨中学方立平主任：这座忠烈祠，是我们野寨中学的精神之根，文化之魂，我们有一个"长城计划"，是通过社团、讲座、奖学金等形式，开展国防教育，普及军事知识，引导学生继承野中爱国主义传统，弘扬先烈抗战救国的精神，每年，野中都有学生报考军校，成为国防的后备人才。 　　拔，化为岩石巍巍，它激荡着每一个来访者心中的热血，为民族尽孝，为国家尽忠，不灭的忠魂在青青校园中悠悠传唱。 　　中天一柱，撑起的是顶天立地、坚强不屈的信仰，是这片土地上的人们代代相传，血脉相承的力量。 　　千峰峰绝数英雄，兵马堂堂百战功。护地丹心终不死，刚风长吼是王风。 　　　　　　　　　　　　　　　　　　——乌以风	
（3）文化记 　　1912年，一位清瘦的少年在瑟瑟秋风中回到了故乡——余井镇黄岭村。父亲突然亡故，五个弟妹尚且年幼，母亲已不堪重负，17岁的他无法再继续学业。在黄岭村老宅的黄土书房中，少年仰望山峰，将心中的苦闷宣泄于书本和笔尖，文字彼端的世界，给他慰藉，让他安宁，他与文字从此便结下了不解之缘。这个少年名叫张心远，一年之后，他在投稿时署上了"恨水"这个笔名。之后，他在投稿时署上了"恨水"这个笔名。 　　1924年，"张恨水"这个名字因长篇小说《春明外史》引起的轰动一炮而红，而之后的《金粉世家》更让他在北方变得家喻户晓。在抗日战争时期，他身先士卒，执笔站在文艺抗战的第一线，用《新民报》的副刊《最后关头》向日寇和卖国贼宣战，又根据家乡的故事素材，创作了《八十一梦》《潜山血》等抗战题材的小说，爱国主义激情让他达到了毕生创作的巅峰，被称为赋予章回体新生命的"民国第一写手"。 　　潜山人习惯将张恨水与天柱山并称为这里的"一山一水"。 　　同期声（朱显亮）：同学们，今天我要带大家一起走进张恨水故居，去了解关于张恨水的故事。 　　他叫朱显亮，他真实的身份并不是一名导游，而是张恨水研究会的一名学者。每年的这个时候，他都会来到余井镇的张恨水故居，为余井中学的学生们进行一次张恨水文化的普及教育。 　　今年，余井镇一年一度的文化旅游节即将开幕，朱显亮和往年一样开始筹备节目。但今年的他，想要有所突破。 　　采访朱显亮：以往的文化旅游节，我们张恨水研究会的参与都过于学术，在文艺表演环节中，只是让中学生们表演合唱，当地群众的兴趣度和参与度都不够，我们希望今年能用一种新的形式，让观众亲身感受和了解张恨水作品的魅力所在。 　　然而在今年的文化旅游节上，到底用什么样的形式和内容，让朱显亮纠结起来。于是，他来到县博物馆，希望从张恨水的过往中汲取一些灵感。	1. 张恨水故居室内外空镜。 　　2. 情景再现：夜里，少年张恨水在屋里挑灯写作。文章结尾处留下"恨水"的署名。 　　3. 张恨水家庭老照片收集，制作AE动画。 　　1. 县博物馆拍摄张恨水展区空镜头。 　　2. 张恨水墓地空镜。 　　3. 抗战时期战争视频收集。 　　张恨水故居里，朱显亮给学生讲述张恨水的事迹。 　　1. 朱显亮驱车来到余井中学，走进恨水楼里。 　　2. 迎接他的是一些青年教师。 　　在学校礼堂里采访朱显亮。

（续表）

剧本内容	视觉化注释
"蒲草韧如丝,磐石无转移。"(注:出自《孔雀东南飞》)张恨水正是听着这样的诗句,向往着爱情的忠贞与缠绵,从懵懂少年成长为胸怀天下的才子。寒夜孤灯下,他闭上眼,仿佛就能看到故乡的山水,听见那些柔美婉转的唱词,那是他创作的灵感之源。正是从这些故事里,他明白了在悲欢离合中抗争的男女们在渴望着什么。 采访主编:抗争、爱情、自由。这是张恨水作品中很多角色都表现出来的精神。它不仅仅代表着民国时代的思潮,也正是在《孔雀东南飞》、《天仙配》等故事中代代传承的。所以说美好的爱情是能跨越时间的,现代人也会喜欢这个内容。	1. 朱显亮在办公室里翻看前几年旅游节的资料照片。 2. 朱显亮在县博物馆仔细观看关于张恨水的各类展品。 1. 在学校礼堂里采访主编。 2.《孔雀东南飞》像。 3. 董永"故居"
最终朱显亮决定将张恨水的经典作品《金粉世家》中,男女主角相爱定情的段落排演成话剧,在文化旅游节上亮相。但话剧这种形式与美好爱情的结合,能否被文化旅游节上的观众喜爱,朱显亮心里并没有底。 演出同期声:"我不是说了吗? 婚姻自由,他们是不能过问的。"(《金粉世家》台词)话剧演出获得了镇上居民的喜爱,有了更多元素的加入,今年的文化节也更加丰富多彩。这方山水的雄浑壮美,不但造就了潜山人如磐石般坚韧的气节,也教会了他们如水般流动变通的智慧,在这一山一水中滋养出来的文化,流淌在山间地头,承载着潜山人的自由与追求,尽诉着他们心中的美丽与温柔。	进行着话剧排练, 1. 余井中学恨水楼里的一间房里,青年老师们在一起手里拿着《金粉世家》。 2. 朱显亮和青年老师们一起商讨着表演策略。 1. 拍摄文化旅游节上舞台上表演的话剧。 2. 观众欣喜的表情。 3. 拍摄文化旅游节上各种当地的民俗文化节目。
(4) 音律记 【同期声】 许更生:叫三军将酒满满斟每年的农闲时节,当暮色萦绕山谷,悠远的吟唱在山畔回荡,许家畈的村民们便会聚集到山坡上的一间老屋,等待着许家班弹腔社的演出。 许家畈地处潜山县西南的五庙乡,藏于深山幽谷之中,村中的人最爱听、最爱唱的,就是这一曲弹腔。潜山弹腔,这个发源于潜山,古老而稀有的民间戏曲剧种,在天柱山下已传唱了三百多年。 采访专家:"潜山弹腔"又叫"老徽调",在明朝就已流传于民间,表演徽调的戏班当时称徽班,所以弹腔其实可以称作是京剧的"母腹"。京剧鼻祖程长庚正是潜山人,他的父亲就是唱弹腔出身的,他十二岁便随父进京,在徽班里崭露头角,后来任了三班总管,是京剧的十三位奠基人之一。 程长庚是潜山人的骄傲,更是许家班成员们心中的偶像,关于他的故事和传奇大家都耳熟能详。而让许更生触动最深的,是程长庚的唱腔。 程长庚的唱腔脱胎于徽调,浓浓的乡音一直陪着他游走四方,他的一招一式、举手投足,也都是遵循老徽班的演法。无论他走得再远,站得多高,都依然用一念一唱牵挂着故乡的山水人情,默默诉说着乡愁。 65 岁的王兰香是许更生的母亲,她是潜山弹腔省级传承人,也曾是许家班弹腔社最重要的演员之一,但近年来因身体不适,已无法演出,只能在幕后从事教学和传承工作。看到站在台上挥洒自如的儿子,她的笑容中多了几分欣慰。许更生从小就跟着母亲学习弹腔,练就了扎实的基本功。弹腔班社的成员年龄都趋于老化,他的加入,无疑为班社增添了一份中坚力量。	1. 许更生和他们潜山弹腔班其他成员在五庙乡的传习所演唱弹腔剧目,台下坐满了附近的村民。 2. 田间地头一片绿意,远处炊烟袅袅。 采访弹腔研究专家。 1. 程长庚故居,服装,乐器等空镜。 2. 夕阳下,楼顶上,许更生面对着群山练习演唱和走位。 家里,王兰香坐在椅子上,指导着儿子许更生的表演。 加入一些交谈同期声。

（续表）

剧本内容	视觉化注释
在弹腔社刚刚复排的大戏《徐庶荐诸葛》中，他扮演关羽。全新的唱段和角色，让他既欢喜又颇感困难。正式演出的日子即将到来，每天的排练都很紧张，好在班社中最年长的许开学老师每天都前来倾力传授，母亲也会到场观看，提出建议，这让他心中踏实了许多。 　　许更生本来在浙江湖州经营服装工厂，生意还算红火，但从2015开始，他便放下了生意，和妻子一起回到了母亲身边，全心投入了弹腔的演出中。或许有人觉得他的弃商从戏太不理智，但他心里清楚，离开了那座山峰的守护，没有了萦绕在耳畔的徽音古韵，他的内心一刻无法安宁。那些回荡在山间，壮志凌云的唱词、婉转绵长的韵调，早已融入他的生命之中。 　　新剧的首演终于顺利完成，但这对许更生和他的亲人、伙伴们来说，只是一个新的开始。让弹腔活下去、传下去的责任，深深刻在他们肩头，任重而道远。 　　无论是昨天名扬四海的京剧泰斗，还是今天弃商从戏的普通青年，在他们血脉中澎湃流淌着的热忱和坚持，都愿唱念做打动作。 　　来自于这座顶天立地的山峰，它托起了梦想，守护着信念，时间越久，越是坚定，距离越远，越是顽强。它让游子于远方，与故乡心灵相通，也让故乡的曲调与神韵，在四海八方悠悠唱响。 　　（5）手工记 　　每年的惊蛰时节，万物生发，天柱山上的野桑树刚在春风中苏醒，便迎来了新的使命。 　　采集野桑树皮的这名男子叫做刘同烟，他是桑皮纸制作技艺的国家级传承人，这项技艺，曾在潜山官庄镇流传了一千七百多年。 　　采访刘同烟：我小时候一直觉得，我家的造纸坊是最神奇的地方。那时候爱满山跑，父亲就喊我每天给他去采野桑树皮，那个树皮那么黑哦，到了这里，就能变成白白的纸。 　　这种取于野生桑树皮，手工制作的纸张，绵柔坚韧，百折不损，天然防腐，过去在民间常用于制伞、糊窗、做炮引，更是作为字画命纸的上佳材料，为历代文人墨客所钟爱。 　　二十世纪末，随着机械化生产的兴起，官庄的桑皮纸工厂越来越少，刘同烟本着对桑皮纸的热爱和良好的口碑，坚持把这项技艺原汁原味地保留了下来。2005年故宫修复乾隆倦勤斋时，用的正是刘同烟所造的手工桑皮纸。 　　近年来，随着传统文化的复兴，市场对手工桑皮纸的需求量也日益增大，这让刘同烟有些犯愁。 　　手工桑皮纸的工艺非常复杂，光是对原料的处理，就要花上三个月的时间。首先，桑树皮必须是来自天柱山上，年龄超过两年的野桑树，水必须是来自天柱山中呈弱碱性的活泉水，然后经过蒸、揉、浆、洗等二十多个步骤，才能得到纸浆，开始生产，而掌握手工生产技术的师傅，加上他自己，也只有两个人，一个月下来，只能生产出一到两万张桑皮纸。这其中任何一个环节若是原料不对、时间不足或技术不过关，都会直接影响到产品的柔韧度和耐折度，品质将大打折扣。 　　面对有限的生产能力，为保证质量，刘同烟决定，推掉一部分的订单。 　　客户一次次邀约，又一次次失望，这让刘同烟陷入了苦苦的沉思。 　　效率，又不影响桑皮纸的有没有一种方法，既能提高质量呢？	1. 在县城附近的古戏台上穿着一新的许家班登台亮相。 　　2. 许家班在古戏台的演唱首演剧目，升格拍摄演。 　　3. 升格抓运动中的服装近特景别的画面。 　　1. 拍摄刘同烟和几位村民来到山中，采集野桑树皮。 　　2. 航拍采桑树的场面。 　　1. 造纸作坊里采访刘同烟。 　　2. 刘同烟和其他传承人一起清理的桑皮。 　　3. 将纸贴在红烤箱上的动作。 　　拍摄作坊里手工制作的各种桑皮纸成品。 　　1. 刘同烟将桑皮放进大锅里，锅下面燃烧着柴火，开始蒸煮。 　　2. 故宫修复乾隆倦勤斋的影像资料。 　　刘同烟接着电话在厂房里踱步。 　　1. 拍摄厂房旁边的溪流。 　　2. 拍摄蒸、揉、浆、洗等诸多步骤。 　　3. 两个人合作抄纸。 　　1. 跟拍刘同烟骑着摩托车在公路上行进，车座后面捆着野桑皮。 　　2. 厂房的门口停着一辆小车，刘同烟和同事们一起将成品往车后备箱装。 　　3. 客户走之前跟刘同烟又下了订单，刘同烟目送着车离开，陷入了沉思。

（续表）

剧本内容	视觉化注释
天柱巍巍，溪水潺潺。伴着门前小溪流水的声响，刘同烟最终将视线落在了装满纸浆的池中——当前使用的抄纸工具，必须两个人一起同时操作，如果能把它改为成单经过一百多次的失败，无数次的调整，改良后的单人抄纸工具终于成功地做出了第一批合格的产品。虽然这样仍不能满足所有客户的需求，但对于刘同烟的手工桑皮纸生产，已是一个里程碑般的进步。	1. 拍摄门前溪流。 2. 拍摄两人抄纸的画面。 3. 刘同烟找来梯子，上到抄纸工具的顶端进行研究并改造。
在这片土地上，还有许许多多像刘同烟一样，传承着古老技艺的工匠，他们在漫长而坎坷的岁月里坚守着心中的那份纯粹，坚守着对祖先的承诺，山的坚定撑起他们不灭的信念，让美好不再遗失，让生活重归质朴，让传统重燃生命。 　　（6）现代记	1. 拍摄改造后单人抄纸的画面。 2. 拍摄刘同烟在厂房门口加工改造抄纸设备的画面。
天柱的灵山秀水，孕育出一种碧绿浑圆的果实，潜山人将这种特有的馈赠称为瓜蒌。它的皮和根均可入药，据《本草纲目》记载，可"润肺燥，降火。治咳嗽，涤痰结，利咽喉。" 　　每天早上，王传文都会带着三岁的侄孙女，来到王河镇的一片瓜蒌园里玩耍，看着孩子伴随着这些绿色的果实一点点长大，是他最开心的事。 　　采访王传文：小时候只要家里有人咳嗽，中医就会喊他们上天柱山采瓜蒌，把皮切下来煎水给病人喝，效果很好。瓜籽炒一下作为零食，也可止咳润肺，我们当地人都叫它"药瓜子"。 　　16 年前，在潜山县政府对瓜蒌产业的大力支持下，王传文接下了一处瓜蒌园，志在将养生又美味的"药瓜子"推向市场。为了找到了瓜大籽多的良种，王传文的足迹曾踏遍了天柱山的每一个角落，经过长达几年的筛选和精心培植，他终于育出了理想中的瓜蒌，加上独特的炒制配方，市场销售眼看就要步入正轨。 　　但在 2006 年，一连几天的倾盆大雨让他辛苦建立的瓜蒌园化为水乡泽国，本已经挂果的瓜蒌全部根毁苗烂，多年的心血和几十万的投入付之东流。他陷入了前所未有的巨大困境。 　　彷徨无助之中，王传文再次走进了天柱山，在他心中，中天一柱永远是潜山人最坚实的依靠，能让自己重拾希望。 　　经过冷静分析之后，王传文很快就发现瓜蒌既喜水又怕水，不能种植在低洼地带。于是，他重新寻找到了适合栽培瓜蒌的土地，并借助现代科技的力量，创新了移垄栽培技术，再次踏上了创业的征程。 　　如今，潜山县的瓜蒌产业，已遍布田野间。它带领村民们走向了脱贫致富的小康之路，潜山的传统农业结构已悄然改变。瓜蒌，这些来自于天柱山中的精灵，承载着人们对健康生活的追求，见证着潜山绿色产业的崛起，在发展生态农业的画卷上书写下美好的明天。 　　俄罗斯人不在时： 　　方案 1：天柱山的奇峰异水，孕育出来的远不止这些山野林间的树木果实，苍崖青松间，海拔 1 100 米的炼丹湖畔，在 2006 年，俄罗斯前总理基里连科慕名而来，壮丽苍翠的群山，清甜健康的空气，禅意悠远的养生文化让他留连忘返，从此，俄罗斯便和这座孤立擎霄的山峰结下了不解之缘。 　　自 2006 年开始，潜山县政府每年都会远赴俄罗斯，举办天柱山养生文化旅游的推介会，这片深处中国内陆的神奇山川艳惊四座，丹灶苍烟中独特的养生功法让初试者受益匪浅，经过口口相传后，越来越多的俄罗斯人来到了这里，爱上了这片古老神奇的土地。	1. 升格拍摄抄纸时候拍色絮状沉积在纸板上的画面，以及各种制造过程中的动作特写。 2. 升格拍摄刘同烟改造抄纸设备的动作特写天柱山航拍。 3. 瓜蒌特写。 4.《本草纲目》翻书及文字动画。 　　早上，王传文抱着孙女行走在瓜蒌地边，走了一段路，他将孙女放在地上，孙女欢快的跑在瓜蒌地里。 　　采访。（王传文 or 农业专家） 1. 收集老照片，制作 AE动画。 2. 再现：年轻时的王传文在山林的荆棘中寻找瓜蒌的画面。 3. 拍摄切开成熟的瓜蒌，漏出颗粒大且饱满的瓜蒌籽的画面。 4. 拍摄成熟的瓜蒌地里挂满果实的画面。 5. 拍摄炒瓜蒌籽的画面。

（续表）

剧本内容	视觉化注释
采访教授养生功的刘少斌老师：天柱山古代就是修道炼丹之处，这里远离都市，景色宜人。无论是中国人还是远道而来的俄罗斯友人，在这里的都能让自己慢下来，能够倾听从内心发出的声音，找回初心。 　　如今，天柱山养生旅游已经成为中俄两国"两河流域"合作的重要项目，山畔的武术院已成为了远近闻名的"俄罗斯村"。俄罗斯游客们把这里当作了自己的家，每年都来此长住，在山水怀抱中修身养性，习练养生功法。而天柱山镇的居民们，早也将这些外国游客，当作了"自己人"。 　　群山环抱中，天柱峰立于云霄之间，孤绝陡峭的峰顶上"中天一柱"四个大字在阳光下静看风云变幻。一百多年前，药农们历经艰险，将它们镌刻于刻绝壁之上，印证着潜山人的不畏艰险，敢为人先；而今天，潜山人肩负着时代赋予的崭新使命，乘着大国复兴的浪潮，龙跃于渊，勇往直前。 　　俄罗斯人在时： 　　方案2：同期声：嗯，好吃！这个，来一斤！谢谢。 　　这些金发碧眼的俄罗斯人，已是王传文店里的常客，他们都来自天柱山畔的俄罗斯村。 　　2006年，俄罗斯前总理基里连科慕名而来，壮丽苍翠的群山，清甜健康的空气，禅意悠远的养生文化让他留连忘返，从此，俄罗斯便和这座孤立擎霄的山峰结下了不解之缘。 　　自2006年开始，潜山县政府每年都会远赴俄罗斯，举办天柱山养生文化旅游的推介会，这片深处中国内陆的神奇山川艳惊四座，丹灶苍烟中独特的养生功法让初试者受益匪浅，经过口口相传后，越来越多的俄罗斯人来到了这里，爱上了这片古老神奇的土地。 　　采访教授养生功的刘少斌老师：天柱山古代就是修道炼丹之处，这里远离都市，景色宜人。无论是中国人还是远道而来的俄罗斯友人，在这里的都能让自己慢下来，能够倾听从内心发出的声音，找回初心。 　　如今，天柱山养生旅游已经成为中俄两国"两河流域"合作的重要项目，山畔的武术院已成为了远近闻名的"俄罗斯村"。俄罗斯游客们把这里当作了自己的家，每年都来此长住，在山水怀抱中修身养性，习练养生功法。而天柱山镇的居民们，早也将这些外国游客，当作了"自己人"。 　　同期声（俄罗斯人）：中天一柱，太棒了！	1. 收集老照片，相关报道。 　　2. 王传文在天柱山上陡峭的台阶上攀爬的画面。 　　3. 拍摄阳光下雄伟的天柱峰。 　　1. 拍摄进行移垄操作的画面。 　　2. 拍摄采摘瓜蒌的画面。 　　3. 拍摄装车的画面。 　　4. 拍摄忙碌的人们劳动时喜悦的表情。 　　5. 航拍瓜蒌基地。 　　1. 航拍天柱群山。 　　2. 航拍炼丹湖。 　　3. 拍摄左慈雕像。 　　收集俄罗斯前总理来访的相关视频资料。 　　在俄罗斯村采访刘少斌老师。 　　1. 收集俄罗斯人在天柱山的视频资料。 　　2. 航拍天柱山，天柱峰等。 　　3. 航拍天柱山附近的瀑布。 　　4. 升格拍摄瀑布的水流。 　　1. 王传文在县城的店铺里，一位漂亮的俄罗斯女人，熟练的试吃着不同口味的瓜蒌子…… 　　收集俄罗斯前总理来访的相关视频资料。 　　在俄罗斯村采访刘少斌老师。 　　1. 拍摄刘少斌教授俄罗斯人养生功的画面。 　　2. 拍摄俄罗斯人登天柱山的画面。 　　3. 航拍天柱山，天柱峰等。

（续表）

剧本内容	视觉化注释
（7）后记 　　中天一柱，是这一方水土的脊梁，它静默地伫立于浩瀚的时光之中，历经风雨而终不改其节；它赋予这方山水的厚重与坚韧，流变与多情，深深地根植在每一寸土地上，烙印于每一个人的心中，让他们故土难离，乡音难忘。正是这份坚定和守望，让今天的潜山，壮怀昂首，大步向前，坚守忠贞刚毅之初心，托起中部崛起之璀璨。	1. 天柱山航拍。 2. 县城航拍。 3. 瀑布航拍。 4. 张恨水，弹腔演出，瓜蒌基地，桑皮纸等元素混剪。

第九章　其他常用的企业视频

第一节　视频资料的统筹

一个注重文化建设的企业必定有十分完备的视频记录方案。因为企业每年有大大小小的活动，所以有各式各样的视频，种类繁多且形式不一，一段时间后，如果想查阅之前的视频资料，调看活动影像或者修改讲解视频等就十分困难。因此，视频的归类存档必须科学、合理，这也是视频管理部门助力企业高效运转的职责。

在前几章中我们提到了纪录片、宣传片、微电影、广告、新闻等形式的视频。除这几种视频形式之外，企业运行中还会用到其他样式的视频——活动记录视频、操作讲解视频、项目介绍视频、宣传教育视频等，这些视频虽然在制作流程上没有之前提到的视频制作流程那么复杂，但是这些视频的使用频率、范围和作用并不低于之前提到的视频，它们在企业运行中发挥着其他的重要作用。

视频的整理可以分为线上和线下两部分。线上是面向观众的，应做到分类有条理，顺序有先后，可以根据吸引力的大小将不同版块排序。例如，文化活动建设视频更吸引员工注意力，会获得更多的点击量，那么可以将这个板块放在靠前的位置。又或者企业领导的演讲十分精彩，则可以将这个板块置顶。展示的视频要经过审核，放在合适的位置。有些视频不适合线上展示，则线下保存。线下是面向视频管理部门的专业工作人员，因此线下的整理更注重科学和效率原则，一是按照时间排序，文件名可以设为"时间＋事件"的形式，例如201901微电影《我要上场》，201902项目介绍《游丹寨》。这种方式适合一年以内短时间跨度的视频整理。时间跨度长的情况下，则需要分级整理，第一级是年份，然后是月份，月份之下按"事件"分类：活动记录视频、操作讲解视频、项目介绍视频、宣传教育视频等。

视频的整理可以分为线上和线下两部分。线上又可以分为对内和对外两部分。对外部分面向企业内外人员开放，这部分视频无论以什么形式，什么内容的呈现，它们都具有企业宣传的作用，正面或者侧面，直接或是间接的展示企业实力、文化底蕴、员工风采、发展前景等等。对内部分一般是给内部工作人员看的，企业员工用自己的账号登陆内网，在线上观看操作讲解视频、会议直播或者录像、项目介绍视频、宣传教育视频等。

以万达集团官网为例,就有单独的视频中心板块:

图 9.1　万达集团官网

点击视频中心之后,我们可以看到这里也有详细的分类,每个企业可以根据自身的特点设置,或者根据近期的时间重要性设置。万达官网视频中心板块此时的分类是:董事长演讲、万达宣传片、企业活动、媒体报道。

图 9.2　视频入口界面

进入视频中心之后，分类工整、井然有序。在表现品牌形象、企业追求的同时。丰富的文化建设、文体活动也一目了然。

董事长演讲　　　　　　　　　　　　　　　　　　　　　　　　　　更多

王健林董事长谈实体商业的
新战法

王健林作万达集团
2016年工作报告

王健林政法大学发
表演讲谈文化自信

发展体育产业
王健林解密如何做
大体育产业

王健林董事长对话福布斯："迎接挑战"　　　　　12·05
王健林洛杉矶演讲世界电影的中国机会　　　　　10·19

万达宣传片　　　　　　　　　　　　　　　　　　　　　　　　　　更多

万达集团2018年宣传片

万达集团2017年成
果片

万达集团2017年宣
传片

万达集团2016年成
果片

万达LOGO背后的故事　　　　　　　　　　　　05·04
万达集团2016年宣传片　　　　　　　　　　　　02·02

企业活动　　　　　　　　　　　　　　　　　　　　　　　　　　　更多

万达集团第二届全国职工足
球联赛小组赛花絮

万达集团第二届全
国职工足球联赛小

万达集团第二届全
国职工足球联赛小

万达集团第二届全
国职工足球联赛半

万达集团第二届全国职工足球联赛总决赛花絮　　06·19
第三季"万达好声音"完美唱响　　　　　　　　10·16

媒体报道　　　　　　　　　　　　　　　　　　　　　　　　　　　更多

与行动者对话：王健林接受
吴小莉专访（上）

与行动者对话：王
健林接受吴小莉专

【彭博社】丹寨扶
贫，万达创造企业

CNN专访王健林董
事长(下)

CNN专访王健林董事长(上)　　　　　　　　　07·28
王健林接受凤凰财经专访　　　　　　　　　　　12·02

（1）

董事长演唱　　　　　　　　　　　　　　　　　　　　　　　　　　更多

王健林董事长演唱《一无所有》

王健林董事长演唱《朋友》

王健林董事长演唱《等待》

王健林董事长演唱《夫妻双双把家》

王健林董事长演唱《我的根在草原》　　　01·21

王健林董事长演唱《篱笆墙的影子》　　　01·21

（2）

图 9.3　视频分类界面

第二节　文化活动的记录

一、会议拍摄

大型企业会议活动视频拍摄技巧以及常见问题：在信息急剧膨胀、竞争愈加激烈的商业社会，企业尤其需要通过会议互相合作、分享知识。在很多企业，会议往往决定了是否做某项工作以及何时做，换句话说，会议控制了工作流程。开会提供各方沟通的机会，但沟通本身并不是开会的目的，会议的目的是通过沟通达成共识。成功的会议有几个特征：会议时间恰如其分，与会各方达成共识，会议结果具体有效，会议决定得到落实。然而会议的拍摄这样很好的把一些重要的会议内容记录了下来，也可以更好地作为一种企业文化来对其宣传和调用。

图 9.4　会议纪录

企业每天都要举行许多大大小小的会议。管理学家彼得·德鲁克说："我们之所以碰头，是因为要想完成某一项具体工作，单凭一个人的知识和经验不够，需要结合几个人的学识和经验。"为什么会议拍摄这项任务在企业负责人眼里也变得如此重要呢？

每个企业都会有时长不短的会议，但如果遇到大型的重大会议时，我们都会进行摄像。那么对于没有拍摄技术的人来讲，该如何把握拍摄呢？接下来，看一下企业会议视频拍摄注意事项。

（一）注意事项

1. 会议拍摄前的准备工作。首先要提前掌握会议流程，实地考察会场的大小、灯光情况、主宾位置，确定适合的机位，然后打下草稿，再形成拍摄计划。多机位拍摄要注意尽量避免相互入境，检查好三脚架、电池、内存卡、镜头等装备是否完好。

2. 会议开始前的拍摄工作。活动开始之前，先拍摄会场的整体情况，拍摄全景以广角镜头为主，没有广角镜头的情况下，使用标准镜头配合三脚架转动收取全景。首先拍摄主席台和会场全景，拍摄主席台尽量平视或稍带仰视。接下来拍摄主持人开场，宣布会议开始。必须要提前了解主持人的出场线路以及站定位置。因为现在彩排和现场直播中主持人的行动可能有变动，所以提前了解大概范围，可以随机应变，保证镜头的质量。主持人开场时抓紧收取参会人员鼓掌的画面。在拍摄时画面变换要慢，防止抖动，以突出会场严肃的气氛。

3. 会议进行中的拍摄工作。参加会议的人应该是重点拍摄对象，对于重要的发言人应该用全身或是半身特写画面，注意发言人、发言稿、发言台之间的位置关系，移动自己的位置调整角度，尽量拍全发言人的脸和半身。在拍摄时要格外注意把镜头画面对着重要发言人。同时也要拍摄观众，使会议记录画面显得不会那么空洞。多机位可以分工合作，如果只有一个机位，则需要慢慢推拉镜头，既有发言人画面又有观众画面。推拉过程中，能做到过肩拍最好。进行拍摄领导时，构图不要犯低级错误。拍摄主要领导时，全身、半身都要有。半身或者特写镜头中不要在人物头顶留太多空间，因为近景或者特写本身就是以饱满的视觉表现为主。人物头顶留太多空间就会造成构图不平衡缺乏美感。对人物拍摄时为了突出拍摄的高大形象，可以用略微仰摄来拍摄，这样拍摄，可以强化拍摄使主体，使被摄者显得雄伟高大。

4. 会议结束时的拍摄工作。在会议结束时，先把镜头对着主席台，收取最后发言的嘉宾或者主持人的结束词。然后再把画面转向起立鼓掌的听众，拍听众时要注意景别变化，对全景要有一定的层次把握。

（二）灯光设置

视频会议室在拍摄过程中经常会遇到一个问题，明明摄像设备调整得很好，但是仍然会出现一些问题。很多人都忽略了灯光方面的原因,其实在视频会议拍摄与灯光是息息相关的,那么在什么情况是由于视频会议室灯光导致拍摄效果不好呢?

1. 拍摄中如果明显画面偏暗,发黑则属于是视频会议室灯光的照度没有达到要求,标准的视频会议室灯光照度要求 600~900 lux。

2. 若出现拍摄画面偏红或偏紫的现象则是属于视频会议室灯光色温不准确,色温偏高会出现发紫,色温偏低会出现偏红。视频会议室推荐色温为 4 000 K,需高清拍摄可选色温为 5 600 K 灯光。

3. 拍摄过程中人物面部暗沉,有明显阴影的情况下属于人物面光不足,需要可调整角度灯具来给人物补面光。

4. 视频画面颜色失真时也有可能属于视频会议室灯光显色指数过低,导致色彩失真,标准显色指数应当达到 95 以上。

二、晚会活动拍摄

(一)色温

舞台布光是否均匀,舞台灯光的色温多少,这些都很重要。建议摄像机的色温滤色片设置为 3 200 K(一般为第一档),让灯光师将舞台灯光打开,用一张标准白纸在舞台灯光下手动调整白平衡(调整时用自动光圈),如果舞台灯光的色温为标准的 3 200 K,使用预置白平衡也可以,请一位演员站到舞台中央,将斑马纹打开(100%),推镜头拍摄脸部特写,然后将光圈设置为手动,手动调整光圈值,调整到鼻尖有少许斑马纹即可。这些调整要在晚会开始前做好。

图 9.5　晚会活动

舞台灯光是晚会录像质量优劣的首要条件,没有好的灯光,就不会有好的拍摄效果。因为晚会的灯光变化很大,所以最好使用灯光 A(即 3 200 K)的预置,如果是全部使用广播级器材,色温根本不用摄像师调,导播台通过 ccu 直接就统一调整了。

图 9.6　导播台

(二) 熟悉流程

第一,拿节目单,熟悉节目的安排流程,不然,摄像师不知道镜头的起幅、落幅,不知道哪里该固定,哪里该移动。不知道主持人从哪里出来、演员从哪里出来。在拍摄现场,摄像师到处找重点,拍摄素材就会很乱。

图 9.7　熟悉现场流程

第二,在节目排练的时候就应改进行模拟拍摄,熟悉演员的进场顺序,每个节目的演员分布,人数的多少,节目进行到什么时候要全景,什么时候要特写,特写对准哪个演员,这些要做到心中有数,才不至于在拍摄的时候乱摇镜头找人。

（三）机位

拍摄文艺晚会一般不会单机位,也不排除晚会拍摄仅仅用做资料存档的情况,这种情况对拍摄要求不高,跟单机位会议拍摄如出一辙,由于舞台的灯光变化变多,所以最大的问题就是灯光变化。

图 9.8　拍摄现场

拍晚会机位不应该少于 2 个,最好 2 个以上,这样画面丰富些,但机位越多后期合成越麻烦。拍前应看彩排,做到节目心中有数。正式开拍前各机器应该做好联系好调动的准备,否则多机位拍摄后期合成会遇上难题,很多时候没有内部联络,大家都抢拍一个特写,或者都在拍大全景,无法协调。因此在拍摄前首先定好不同机位的景别要求。

第三节　操作讲解的视频

想让企业有可持续性的发展,必须跟进管理的效率,做好管理机制。对内的视频中心,可以让管理实现最透明化、最精益化、最高效化的职能。为保障高效运行,哪些事项需要将员工聚集,哪些事项可以在线交流是必须区分、认清的。

针对制造类的企业而言,制造管理部门在企业属于核心部门,它的存在决定企业能否持续产生效益。任何的产品和客户需求,都需经过制造管理部门的加工、生产、出实物。"成本"和"安全"是制造管理的重要内容,时间成本是重要的成本之一。尤其是互联网下的经济,更加注重效率的提高。因此,在运功培训、会议交流等方面有很大的条率提高空间。一方面是成本的的节省,另一方面又是为保障安全的必行步骤。员工分为操作工、技术工、工艺师、现场技术服务、车间组长、计划员等,每种岗位都各尽其职,完成自己的本职工作,当中某个环节出了问题,要在第一时间调整。例如,计划员要根据制造管理部门的班次,一般分为早、中、晚三班倒制的时间段,什么人应该去什么岗位,执行速度要快,有片刻拖延,就会严重影响制造管理的效率。现场技术服务人员必须一直待在现场,其他员工提供有效的技术支持和及时纠正,不得随意离开现场。工艺师要用计算机辅助设计以及工业化设计等软件绘制生产图纸,检查现场硬件设备等是否摆放正确。车间组长要根据操作工和技术工动手能力的熟练度分配不同的工作量。

不同岗位的工作都是需要经过一个学习过程的,有的完全可以用视频教学法完成学习,有的岗位则必须言传身教一部分然后配合视频教学法完成。所以,企业对内需要一个视频中心,以便能将这些操作环节的具体步骤、使用方法、规则制度等展示出来。同时也可以给管理层观看,随时指导改正。制造管理部门在注重成本的同时,员工的安全操作也不可忽视。因操作不当而引起现场员工受伤情况,都是不应该发生的。制造管理中的每一步骤都有它的规律,不照岗位职责、不看操作说明、不穿工作鞋、不戴工作帽是不行的。这些安全项目除了在视频中强调外,也要在现实工作中多次严加规范。视频中心可以帮助企业尽量避免将这些影响"制造管理"的因素,高效帮助企业提升制造管理的产品质量和综合服务。在制造管理部门全体人员相互配合、全力以赴的工作状态下,才能为企业创造客观的"经济效益"。

我们看一下某机器的的操作讲解视频截图。

对内视频以简约、实用为主,不必在包装上边花费过多精力。必须将步骤1、2、3……说清楚。

1、开机选择人机界面

(1)

2、按照明键点亮照明灯

(2)

（3）

图 9.9 初始界面

操作步骤写在最显眼的位置。

（1）

（2）

（3）

图 9.10 初始操作

细节部分要给特写。

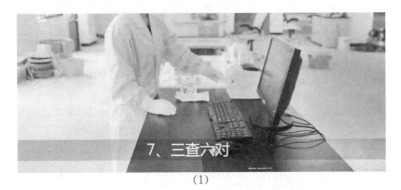

（1）

（2）

（3）

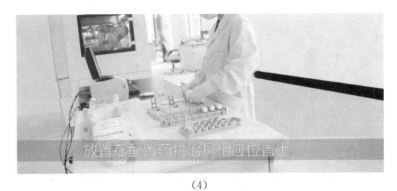

（4）

图 9.11　工作界面

难以理解的、含义较多的的标题,需要另外的文字辅助解释,这些文字不同于字幕,单独标示出来以突显其在这一步骤中的重要性。

图9.12 单独标示界面

步骤要详尽、完整,不要遗漏。镜头以全景、近景、特写为主。与宣传片、广告中的机器展示不同,镜头以实用、明白为首要原则,不需要使用过多的拍摄技法和追求过多的镜头多样性。

如果拍摄内部宣传教育类的视频,方法与操作讲解雷同,条理清晰、内容明白即可。操作视频中的操作员可以变成宣传教育中的主讲人。

第四节 项目介绍的视频

项目介绍视频一般是用在招商、拉投资方面。由于是对外展示视频,所以制作上非常讲究,片头、片尾、镜头多样、拍摄技法、特效包装都不能少。在项目介绍视频初期策划阶段,可以用简易的图文代替,供内部交流测试。待整个项目的介绍文字、实景拍摄选址、突出重点以及需要制作二维、三维动画的部分都确定后,再开始制作项目介绍视频。

项目介绍视频在制作上的精致程度与宣传片无异,不同的是宣传片内容更加丰富、涉及面广,而项目介绍视频更加专注于具体的一个项目,目的明确、指向性强。

我们来看一下某商城的项目介绍,这个视频主要突出了商城的设计方案。

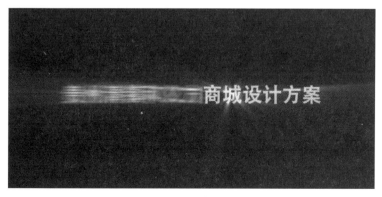

图9.13 片首图

既然是商业行为，那么片头一定要商务、大气。

图 9.14　进入环节

　　每一环节的不同标题与内部操作讲解视频的标题不同，要有形式感，包装风格要符合视频内容。注意，这里的包装标题不仅仅是形式上的，一是要突出这一环节的核心内容。二是在两块内容之间形成一个过渡环节，因为项目介绍中的一个环节内容含量是比较丰富的。这一环节结束时，需要观众有一个短暂回味的时间去记忆、挑重点。

（1）

（2）

图 9.15　环节内容

实拍与特效结合，既直观又立体。这里的特效目的在于展示空间位置。

（1）

（2）

（3）

图 9.16 业态环节

在剪辑制作过程中，需思路开阔、形式不拘一格，并列的内容可以使用一屏两画、一屏三画等形式。也可以先后按次序呈现，这取决于内容的含量，如果同时出现可以展示完整，则可以同时出现。如果内容信息量比较大，则不能同画面出现，应当尽量给与充足的时间单独展示。

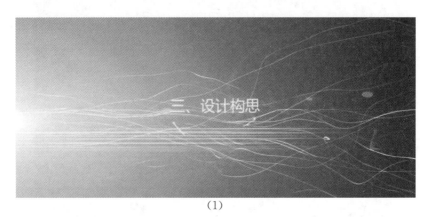

（1）

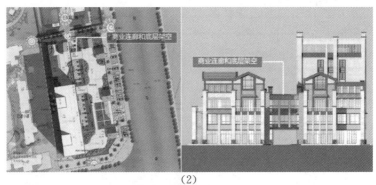

（2）

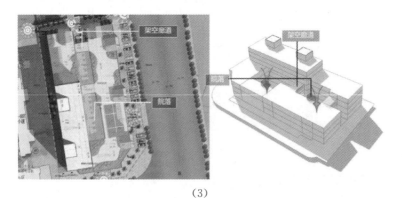

（3）

图 9.17　设计环节

从"项目概况"到"业态布置"到"设计构思"，项目介绍一般遵循从广到细、由外及里的叙事原则，层层深入，循序渐进。

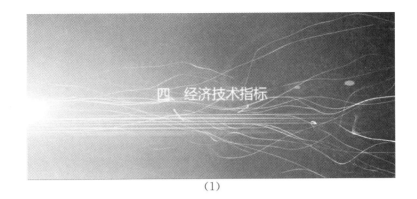

（1）

（2）

（3）

图 9.18 指标环节

最后要总结，回到整体概念上来，无论是内容还是画面都要遵循"总—分—总"的形式。在视频前期策划阶段就要设置好框架，形式上前后一致，包装不可贪大求全，选取合适的风格前后一致，效果最佳。

第五节　动画形式的视频

动画视频对于企业来说就如同一身合体、漂亮的衣服,不仅能够提升企业的整体形象,更能达到良好地推销自我、展示实力的目的。有了动画视频,企业的经营理念、产片展示、远景规划等都可以轻松地展示在显示屏上。面对来访的客户,直接在屏幕上就可以向对方展示企业的方方面面。动画形式的宣传片较一般宣传片而言更加有想象力,且创作空间大,可以完成实物拍摄没法做到的设计。

图 9.19　动画视频

企业动画视频就是用动画形式的表现手法有重点、有层次、有针对地对企业方方面面进行策划、包装、宣传。目的是为了声色并茂地凸现企业独特的风格面貌、彰显企业实力,让社会不同层面的人士对企业产生正面、良好的印象,从而建立对该企业的好感和信任度,并信赖该企业的产品或服务。①

图 9.20　动画风格

想要打造知名的企业品牌和产品,那么应该怎么做呢? 那就是宣传。相对其他形式的宣传渠道,动画视频具有不受外界因素影响的优势,可以为企业提高产品的知名度

① 《企业宣传片》,《百度百科》, http://baike.baidu.com/view/1037185.html.

和塑造企业品牌的影响力。

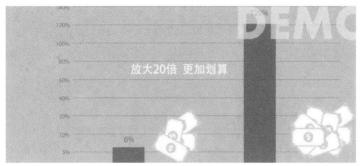

图 9.21 动画内容

动画视频制作的好处有：

（一）能够树立企业的品牌形象

因为动画视频制作主要的目的是为了宣传企业的基本形象，增加企业的知名度，可以吸引消费者和大众的吸引力，树立企业品牌形象。

图 9.22 树立形象

（二）能够快速的开拓市场

因为动画视频对所有的公司和企业来说是一个很好的宣传平台，可以通过声画结合的形式宣传产品，使消费者知道，全力占领市场份额。

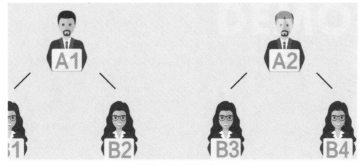

图 9.23 开拓市场

（三）能够配合营销的推广方式

因为动画视频本身就具备直观性和概括性的特点，相对于传统的营销手段，动画视频更具灵活性，因此在推广的途径上更具优势。

图 9.24　配合营销

（四）其他多种用途

动画视频不仅仅是可以应用到企业的宣传推广上面，还应用到项目洽谈，会展活动以及产品展会等等，可以通过动画视频的形式宣传产品的用途和功能。

主要参考文献

《影视广告与市场展望》,《中国市场》,2006 年 23 期.

《舌尖上的中国》背后的创作始末,新浪网,2012 年 05 月 29 日.

《试论电视编导的综合能力》,李瑶,《活力》2016 年 6 月 15 日.

《家庭摄像要稳中求美》,林平,《家用电器》,2001 年 6 月 1 日.

《中国植入式广告定位研究》,周颖,《吉林大学》,2008 年 4 月 1 日.

《文化创意产业的策划与设计》,周光毅,南京大学出版社 2015 年出版.

《创新思维与创造力的发挥》,曾国平,《华夏星火》,2004 年 2 月 5 日.

《如何打造成功的企业形象》,蔡卫东,《现代企业》,2014 年 2 月 28 日.

《手持设备视频显示效果的研究》,余斐斐,《华章》,2014 年 8 月 30 日.

《企业微电影:网络传播新宠》,郝幸田,《企业文明》,2014 年 2 月 10 日.

《网络微视频新闻的传播特征》,宣琦,《军事记者》,2012 年 12 月 30 日.

《谈谈如何为电视纪录片解说》,韩淑艳,《理论观察》,2008 年 8 月 25 日.

《深度报道的采访过程及方法》,王伦娓,《军事记者》,2005 年 4 月 15 日.

《打造品牌,赢得未来》,闫艳,《快乐阅读·经典教学》,2013 年 5 月 15 日.

《〈金城兰州〉:城市形象宣传的重构》,杨棪,《中国电视》,2016 年 9 月 28 日.

《科教电视数字化包装研究》,陈露路,《华中师范大学》,2008 年 5 月 1 日.

《电视纪录片故事化反思》,黎丁玮,《神州(下旬刊)》,2013 年 8 月 30 日.

《故事性,纪录片发展的必经之路》,雷雅,《电影文学》,2012 年 10 月 20 日.

《视频编码技术在网络教育中应用的探析》,马军,《卷宗》,2013 年 12 月 25 日.

《摄录机的使用技巧探讨》,姜艳,《吉林广播电视大学学报》,2014 年 6 月 20 日.

《广告与电视剧合作模式探讨》,姜荃筠,《产业与科技论坛》,2011 年 10 月 16 日.

《试论我国企业的形象管理建设》,蔡婧,《时代报告(下半月)》,2011 年 9 月 28 日.

《浅析纪录片创作中"再现真实"的价值》,刘圆,《时代报告》,2012 年 12 月 28 日.

《我国当代电视配音艺术的"情境化"》,徐俊,《西部广播电视》,2015 年 8 月 5 日.

《做好市场营销广告策划之我见》,贾春霞,《东西南北·教育观察》,2010 年 7 月 1 日.

《供电企业继保专业远程培训系统实施》,杨昌甫,《贵州电力技术》,2014 年 6 月 14 日.

《在地学科普中探索"地学艺术"之路》,张璋,河南省地质学会学术年会,2012年8月1日.

《网络视频的传播学解读和分众化探究》,李思维,《现代远距离教育》,2013年4月15日.

《纪录片创作初步探索——以拍摄〈渔舟唱晚〉为例》,李婕,《大众文艺》,2014年5月25日.

《从法律法规变迁谈〈网络安全法〉与电子数据》,戴士剑,《信息安全研究》,2017年8月22日.

《促进有效阅读,培养思维品质》,颜玉东,《中学课程辅导(教学研究)》,2017年9月21日.

《浅析电视公益广告的发展与表现手法》,陈婷闻,《文艺生活·文海艺苑》,2014年5月25日.

《新形势下中小广播电视台生存与发展的思考》,李华龙,《广播电视信息》,2009年9月30日.

《基于MPEG-4的视频点播系统的设计与实现》,杨际祥,《计算机应用与软件》,2003年5月30日.

《植入模式、受众感知匹配性与广告植入效果的关系研究》,高瑜,浙江工商大学,2013年6月1日.

《非线性编辑中AVI视频编解码的应用》,袁敏,《郴州师范高等专科学校学报》,2003年4月25日.

《试论公共关系如何为实施名牌战略服务》,曹向红,《江西科技师范学院学报》,2004年12月24日.

《符号消费视角下当代大学生消费亚文化的建构》,陈振中,《黑龙江高教研究》,2017年12月11日.

《纪录片故事化手法尺度研究——以〈舌尖上的中国2〉为例》,张斌,《中国高校影视学会第十五届年会暨第八届"中国影视高层论坛"》,2014年11月1日.

《电视的记忆:我们的广告生活》,2009,六集电视专题系列片《电视的记忆》为中国电视五十周年而制作的特别节目.

《电影前期、拍摄以及后期工作(想当导演必读)》:http://blog.sina.com.cn/s/blog_82cb1ad80101gy06.html.

《发散思维形式举例》:http://dxmt.blog.sohu.com/147921228.html.

《逆光》:http://blog.sina.com.cn/s/blog_4c7d29af0100088b.html.

《摄像机拍摄技巧入门》:http://s920.blog.sohu.com/94437207.html.

《采访的核心点—新闻记者》:http://blog.ifeng.com/article/3703919.html.

《新浪布道"微电影"》:http://blog.sina.com.cn/s/blog_4b3264710100zero.html.

《阿弋(胡革纪)微纪录片》:http://blog.sina.com.cn/s/blog_4655a36d0102e2fm.html.

《房地产电视广告文案写作》：http://blog.sina.com.cn/s/blog_4ed1239b01007qmr.html.

《植入式广告　润物细无声》：http://blog.sina.com.cn/s/blog_4c0a946c0100gmae.html.

《〈舌尖上的中国〉品味中华美食文化》：http://blog.sina.com.cn/s/blog_4e2f8643010106ii.html.

《展示设计与新媒体、新技术的关系》：http://blog.sina.com.cn/s/blog_53b5fe400100j1r8.html.

《视频技术发展历史：H.264技术简解》：http://blog.sina.com.cn/s/blog_48c5b1f10100warz.html.

《电视业经济分析（TV industry economic analysis）》：http://blog.ifeng.com/article/4772952.html.

附 录

"企业新闻与传播"系列教材及作者简介

1.《企业新闻传播与营销策划》作者：李凌、丁柏铨

作者简介：

李凌：女，汉族，1989 年 5 月生，毕业于贵州师范大学，硕士研究生。工作经历：南航旗下《南航 CEO 品味》杂志任文字编辑及项目策划主管；现代传播科技有限公司旗下《Numero 大都市》杂志任专栏编辑、品牌公关；YOHO! 有货（新与力文化传播有限公司）任 BD 业务拓展经理。参与主持过多项知名品牌营销策划项目及多部影视作品宣发，拥有丰富的线上线下营销策划经历。熟悉营销调研、营销规划、营销管理、营销培训的整体思路，及公关、广告、渠道、促销、招商等具体环节。现任三江学院文学与新闻传播学院教师。

丁柏铨：二级教授，博士生导师。原南京大学新闻传播学系主任，享受国务院"政府特殊津贴"。现为教育部重点教材《新闻采访与写作》课题组首席专家，国家社会科学规划重大项目"十八大以来中国共产党新闻舆论观研究"课题组首席专家，教育部社会科学委员会新闻传播学科咨询组成员，中国社会科学杂志社外评审专家，三江学院文学与新闻传播学院特聘教授、新闻学专业学科带头人。主要著述有《新闻理论新探》、《中国当代理论新闻学》、《执政党与大众传媒》等，多部专著及论文获省部及以上重大奖项。发表论文 400 余篇，多篇论文被《新华文摘》全文转载。主持全国哲学社会科学基金重大项目 1 项、重点项目 3 项，江苏省哲学社会科学重大委托项目 1 项。

教材简介：

本教材为新闻学企业新闻与传播专业"应用型"转型系列丛书，适用于新闻学、传播学相关学科本科生及部分希望提高营销策划技巧的企事业单位媒体从业者。

教材汲取了国内和国际上最新的企业新闻营销策划案例进行归类、分析和解读。在具体案例的解读过程中，本书分为两个方面：一是针对具体案例的提炼和重现，二是运用

新闻传播学的相关理论去分析解读相关案例。全书内容各自独立又融会贯通,将围绕企业市场定位、企业形象、企业行为、产品推广、品牌延伸、关系营销、企业提升发展、营销伦理道德等内容的策划行为逐一阐述。本书内容丰富,讲解通俗易懂,具有很强的可读性和实用性。希望它的出版能为快速发展的企业新闻传播系实践提供经验和方法。

2.《企业危机公关》作者:张晓慧、石坚

作者简介:

张晓慧:女,汉族,1982 年 12 月 4 日出生,中共党员,硕士研究生学历,讲师。曾先后在河南电视台等媒体、公司从事广告策划与销售、活动策划、电视栏目编导、记者等工作。2010 年 9 月,进入南京师范大学新闻与传播学院攻读新闻学硕士学位。2014 年 2 月进入高校工作,目前主要从事网络传播与网络舆情、新媒体运营、危机公关、媒介与社会等方向的研究和教学工作。

石坚:男,满族,1951 年 6 月 3 日生,中共党员,教授。曾任新疆日报社新闻总监、编委等,高级记者。发表新闻作品约 500 万字,包括论文 40 篇、6 部著作:《新闻写作新视角》、《新闻写作学》、《深圳特区报竞争力探析》、《办报实践教程》、《新闻采访与写作》、《大漠长河边塞行》。先后主持 7 项国家级、省级新闻学术研究项目。48 篇新闻作品先后荣获全国和省级新闻奖等,其中 4 篇作品获中国新闻奖,12 篇作品获全国省、自治区、直辖市党报新闻奖,10 篇作品获新疆新闻特别奖、一等奖。2000 年获新疆维吾尔自治区劳动模范称号。2018 年,受聘成为"书香天山全民阅读顾问"。

教材简介:

随着企业在经济社会生活中的地位和作用不断加强,很多企业面临的危机往往在较短时间内演化成一场社会危机,尤其是随着媒介技术的发展,企业面临的舆论环境更加复杂,企业危机日益受到广泛关注。

本书从新闻传播视角切入,采用理论和案例相结合的方式,首先阐述企业产生危机的诱因,分析企业危机面临的媒介、社会环境的变化以及机遇和挑战;其次根据企业危机的发展周期,详细解读企业危机前的舆情监测、企业危机应对中存在的误区、企业危机应对应遵循的原则以及企业危机的善后和评估,最后对企业在危机公关中的信息发布和沟通、企业危机管理的整体体系的打造进行专门的论述。

3.《西方社会组织的传播:理论与实践》作者:张天一、周洋

作者简介:

张天一,女,汉族,1991 年 7 月出生,硕士。中学六年就读于南京外国语学校,美国

布兰迪斯大学社会学、国际关系双学士本科,美国西北大学传播学硕士。大学时期曾在现代快报、江苏广播电视集团(总台)新闻中心、东方卫视大型活动部实习。2015 年 7 月至 2018 年 4 月,就职于南瑞集团,从事发展规划、技术营销等相关工作。2018 年 5 月,任职于三江学院文学与新闻学院,主要讲授《社会学基础》、《新闻学与新闻写作》、《影视作品读解》等课程。

周洋:男,湖南桑植人,国防大学军事文化学院副教授,清华大学新闻学博士,英国威斯敏斯特大学访问学者。研究方向为广电实务,新媒体传播、军事舆论斗争。主讲《电子媒介传播导论》《融合传播实务与案例》《军事宣传与舆论斗争实务》等课程。现主持国家社科基金课题 1 项,主持江苏省社科基金项目 1 项,参与国家与省部级课题 4 项。在《新闻与传播研究》等期刊发表论文 50 篇,核心期刊 30 篇。主编教材编著 3 部,副主编教材 2 部,参编教材 3 部。指导学员作品曾获金鸡百花奖微电影单元特等奖与二等奖、第五届环太平洋大学生微纪录作品大赛特别嘉奖、南京市第三届微电影创作大赛金奖等 30 多项奖项。2009 年荣立个人三等功 1 次,2015 年被评为院优秀教员,2017 年获军队优秀专业技术人才三类岗位津贴。

教材简介:

在全球范围内,西方社会较早地认识到传播在组织运作中占据的核心地位。学界积极探究,传播理论始终紧跟市场竞争形势的变化而不断推陈出新,业界重视实践,在决策层面,可以战略性地制定传播计划,在执行层面,可以有条理地分解传播任务,都对国内社会组织的传播活动有很大的借鉴意义。

本书以讨论分析西方社会组织的经典传播案例为主,旨在国内乃至全球传媒行业转型的大背景下,搭建一个经验融合、互通互联的平台,帮助学生们汲取来自海外的宝贵经验。

4.《新媒体写作》作者:雷默、海马

作者简介:

雷默:本名裴其明,1963 年出生,江苏海安人,大学文化。历任野马广告公司创意总监,橄榄树文学网站编委,福中集团企划总监,甘汁园糖业市场总监,小 6 水产网首席品牌官。2000 年编著出版网络文学《蜘蛛梦》《青柿子》,2007 年出版诗集《新禅诗:东壁打西壁》。

海马:本名王勇,1966 年 5 月生,江苏海安。毕业于南京大学中文系,文学博士,哲学博士后,教授。中国作家协会会员,江苏网络文学院院长,《金陵瞭望》副总编辑(挂职),江苏省当代文学研究会理事,江苏省鲁迅研究会理事,江苏省传媒艺术研究会理事。江苏省"青蓝工程"中青年学术带头人(2010 年),澳门大学人文学院访问学者

（2013 年）。发表学术论文 50 余篇及各类作品 200 多万字，出版个人专著及作品 7 部，主持或参与各级课题 5 个，获江苏省政府优秀社科成果奖等 6 项。曾任中央电视台、《中华工商时报》《中国产经新闻》等国家级媒体记者、编辑及驻江苏记者站站长，后担任三江学院党委宣传部长，现任三江学院校党委委员、文学与新闻传播学院院长。

教材简介：

　　本书专为三江学院新媒体写作教学编著，全书分为九章，共 16 万字。前五章从新媒体写作的选题、标题、结构、符号（语言）表达分析了新媒体写作与传统写作的区别，介绍了新媒体写作的基本逻辑和基础方法。六、七、八章则分别介绍了新媒体环境下新闻、广告、文学的写作特征和具体方法，最后一章则分析了企业新媒体写作与一般新媒体写作的区别。

　　本书是对近年来新媒体写作实践的归纳和总结，除了有一定的理论基础，更有大量的案例分析。本书既是大学新媒体写作的教材，同时也是广大新媒体从业者、尤其是文案类岗位人员的必读书。

5.《新媒体运营与管理概论》作者：刘娅、丁和根

作者简介：

　　刘娅：女，1990 年生，中共党员，江苏南京人。毕业于南京艺术学院新媒体艺术理论专业，硕士。曾先后在南京电视台和新媒体公司工作，对传统媒体和新媒体的变革有着切身经历。现任三江学院文学与新闻传播学院专职教师。主要承担新媒体技术开发与应用、报刊电子编辑、网页设计与制作、办报实践流程等课程的教学工作，在核心期刊、省级期刊发表论文多篇。

　　丁和根：男，毕业于南京大学中文系，博士，博士后。现任南京大学新闻传播学院教授、南京大学媒介经济与管理研究所所长、博士生导师。曾任南京大学党委宣传部副部长、南京大学报主编、南京大学新闻传播学院新闻学系主任。教育部“新世纪优秀人才”，兼任中国新闻史学会传媒经济与管理研究会副会长、中国新闻史学会符号传播学研究会副会长、中国中外文艺理论学会文化与传播符号学会副会长等，主要从事新闻传播理论、媒介经济与管理、传播符号学等方面的研究。出版学术专著 3 本，合著 3 本，主编教材 6 本。在《新闻与传播研究》等权威和核心期刊发表学术论文 70 多篇，获江苏省哲学社会科学优秀成果二等奖等多项奖励，主持国家社会科学基金规划项目、教育部人文社科基金规划项目和江苏省哲学社会科学基金规划项目多项。

教材简介：

　　新媒体的快速发展使得越来越多行业乃至个人试图运用新媒体平台去获取资源，

以便提升自身知名度和行业竞争力,但想要成功运营却绝非易事。该书围绕新媒体运营与管理,从新媒体的概念、如何定位、如何进行内容运营与吸粉引流的方式开始阐述、进而对品牌的构建和资本的获取进行全面的分析,其中还具体介绍了"三微一端"的运营管理模式,即微信、微博、微视频和手机客户端。最后提出了适合新媒体的监管体系。

本书是对近年来新媒体运营实践的归纳和总结,除了有一定的理论基础,更有大量的案例分析。本书既是大学新媒体写作的教材,同时也是广大新媒体从业者、尤其是运营岗位人员的必读书。

6.《视频作品的策划与制作》作者:张丁心、邵筱棠、彭耀春

作者简介:

张丁心:毕业于南京大学,硕士,中共党员。2014 年毕业于南京大学戏剧影视艺术系。曾任中央教育电视台、江苏电视台网络频道、江苏动视节目编导。现任三江学院文学与新闻传播院教师、影视实验中心主任助理、新媒体影像创新工作室主任。参与制作微电影、宣传片、广告、纪录片等上百部作品。

彭耀春:毕业于南京大学,博士,教授。江苏警官学院科研处处长,首批学科带头人。南京师范大学兼职硕士生导师,江苏省"三三三"工程第三层次培养对象,1999 年获"全国优秀人民警察"荣誉称号。2014 年江苏警官学院退休,2015 年入职三江学院,现任文学与新闻传播学院副院长、影视实验中心主任。

教材简介:

当下很有必要建立关于企业视频的课题研究,企业将会需要大量的视频用于企业的运行、宣传、记录等方方面面,同时,这也给相关技术工作人员提供了大量的商机。无论是将视频承包给制作公司还是企业自己的工作员制作,企业视频的摄制都需要有专业的制作流程和规范的制作技术作为保障。这本书将会介绍企业所能接触的各类型视频,从前期策划到拍摄制作全方位解析各种视频的制作流程,目的就是为相关工作人员提供理论、实践的依据,帮助相关工作人员更清晰、效率的进行企业视频的策划与制作工作。

7.《数字影像制作的技术与艺术》作者:邵筱棠、张丁心、张永生

作者简介:

邵筱棠:1992 年生于江苏南京,南京外国语学校毕业后,先后于加拿大的 Sheridan College 和 Ryerson University 就读影视动画、编导、制片和新媒体传播。毕业后在江苏电视台等单位从事传媒工作,曾活跃于社交媒体,从事过知名 IP 产品、知名表演艺术

家的新媒体推广和艺术作品的创作。作为新媒体和数字图像制作技术实践的受益者，相信"知识和技术从玩乐中、实践中来"。微电影《汉·家》获 2018 亚洲微电影艺术节金海棠奖、2019 中国潍坊(峡山)国际微电影大赛奖项；入围美国第三十八届年度国际短片竞赛(FINALIST in the USA Film Festival's 38th Annual International Short Film Competition 2016)并展映。现任教于三江学院文学与新闻传播学院。

张永生：副教授，中共党员。长期从事教育技术理论与实践工作，主持和参与编导制作的多部电视教材、电视专题片，并在中央、省级电视台播出；在核心和省级各类刊物上发表学术论文 48 篇；多次被全军聘为优秀电教教材评审专家评委；作为副主编主持编写《军队电化教育学》教材一部。2010 年荣获全军院校教书育人奖银奖。现受聘于三江学院文学与新闻传播学院，担任影视实验中心常务副主任。

教材简介：

新媒体及其依托的数字技术、网络技术等新技术，为人类社会的运转带来了翻天覆地的变化。它们带来的不仅仅是内容制作的革新，也是传播手段、市场经济和意识形态的更新。在传统的传媒行业纷纷进行网络化、数字化转型的同时，越来越多的其它传统行业也在逐渐利用、依托、融合新媒体，以获得更大的发展空间。

本书围绕当前新媒体中最常见的数字影像及其应用，从 Adobe Photoshop、Premiere、After Effects 三款行业常用软件入门，辅以新媒体数字影像应用案例的分析，简要介绍了静态和动态数字影像的策划、制作和运用方式。通过对本教材的了解，相信读者可以对数字影像和新媒体的运用产生一定的了解，从而激发更深层次学习的兴趣。

8.《公务员招录考试入门》作者：单国友、单璐

作者简介：

单国友：1965 年 10 月生，大学本科。中国法学会会员，盐城市作家协会会员。曾担任法院审判员、庭长、办公室主任，现任东台市政法委委员、主任科员。长期从事机关文秘和宣传工作，坚持研究和创作。先后在报刊杂志发表法制类论文数十篇，散文、小小说等 170 余篇，法律宣传稿件 1 300 余篇，撰写电视专题宣传片台本 20 多个。《区域法治文化建设初探》《人民法庭执行工作调查报告》《有个信封想说话》等多篇论文及文学作品获省市级以上奖项。

单璐：1992 年生，南京晓庄学院广播电视新闻学、韩国湖南大学新闻放送双本科毕业，分别获两校文学学士和政治学士学位，韩国世宗大学新闻传播学硕士。先后在《人民日报》《南方日报》《广州日报》等报刊发表作品 30 余篇，其中《人民日报》6 篇。现就职于江苏省演艺集团，从事企业宣传和文秘工作。参与多项省级大型活动和重点舞台

艺术剧目的企划宣传工作,撰写新闻稿件等应用文稿100余篇,参与《2018江苏文化改革发展蓝皮书》撰写工作。获2017年江苏省级机关宣传片"不忘初心 牢记使命"征文比赛二等奖,并被江苏省人民政府新闻办公室评为2018年度江苏外宣信息工作先进个人。

教材简介:

《公务员招录考试入门》一书共分为:公务员与公务员制度、公务员招录、《行政职业能力测试》科目概述、《申论》科目概述、面试概述、行政职业能力养成、申论能力养成、面试能力养成八章。

该书从最新的公务员招录要求出发,紧紧围绕建设高素质公务员队伍目标,紧密结合公务员工作新形势、新要求,以提升能力素质为重点,系统介绍公务员招录考试的相关知识、全面解读考试公告和大纲、报考要求和公务员履行职能应当具备的能力素质。力求使本书成为了解公务员工作性质的简明读本,报名参加公务员考试的操作指南,公务员招录相关规定的文件汇编,公务员队伍建设最新的精神要求,"准公务员"入门能力的训练手册。以期引导读者,下功夫提升自身的能力素质,为今后胜任工作,也为公务员招录单位招录到德才兼备的人才打下良好基础。

编后记

关于“企业新闻与传播”系列教材的几点说明

“企业新闻与传播”系列教材的实际编写工作经历了三年左右的时间,而此概念的提出则要追溯到 2011 年。

2011 年,我校王勇教授主持的研究课题《关于“企业新闻”的性质、内涵及其专业方向设置的基本构想》获江苏省高校哲学社会科学研究基金指导项目(项目批准号:2011SJD860003)立项。2014 年,该课题的研究报告经江苏省教育厅社政处有关部门审核准予结项。

2015 年,我校在江苏省新闻学品牌专业的申报过程中,把“企业新闻与传播”作为新闻学专业的新的生长点和转型发展方向予以确立,并得到有关专家组的肯定,获得江苏省品牌专业的立项,并成为该年度省内新闻学专业中唯一获得此立项的高校。2016年,以此为特色,再次申报了江苏省新闻传播学科的“十三五”重点建设项目。

对于我们来说,“企业新闻与传播”专业方向的建设不只是一个理论课题,更是一个实践性和操作性很强的项目。正如该系列教材序言中所说:“‘企业新闻与传播’是一个带引号的、正在构建中的新专业或专业方向。作为新闻学、传播学的一个新的分支或专业方向,在如今高等教育‘应用型’转型发展的时代语境之下,具有重要的理论探索意义和现实价值。”企业(含机关、事业单位)新闻宣传人才有着强劲和广泛社会需求,且恰恰又是高校新闻传播学教育中一个有待填补的空白和亟待开发的“处女地”。特别是在新媒体渐次崛起、传统媒体走向衰落的时代大背景之下,高校传统的新闻学与传播学专业同样面临危机、挑战和转型。因此,“企业新闻与传播”专业方向的确立、建设更显出其特别的意义和价值。

该书的“序言”《关于“企业新闻与传播”的性质、内涵及其专业方向设置的基本构想》,在论证“专业新闻机构”与“非专业新闻机构”的基础上,提出了“企业新闻与传播”这个全新概念。这是一个理论课题,更是一个实践项目。“序言”在论证了它的重要性、必要性和可行性的基础上,阐述了它的性质、内涵及其专业方向设置的基本路径、总体构想。“企业新闻与传播”的概念甫经提出,即引起了新闻传播学界相关专家、学者的关注和支持。

三江学院从 2016 年起招收第一届“企业新闻与传播”专业方向的本科学生,制定了相关人才培养方案,并紧锣密鼓地进行相关教材的建设工作。并在此基础之上,进一步加强与业界的联系,强化学生在企业、媒体的实习、实训,以此提高学生的实际操作能力。这次建设的共有八本教材,涉及"企业新闻与传播"的相关课程模块以及"融媒体"课程(新媒体、影像视频等)模块。相关新闻学和传播学课程模块、企业管理课程模块因有现成教材,暂未列入编写之列。该系列教材立足于企业(机关、事业单位)新闻宣传工作的实际需要,以案例教学为特色,强化实践性、应用性和可操作性。同时,内容丰富、通俗易懂,具有较强的可读性和实用性。

《企业新闻传播与营销策划》(李凌、丁柏铨)、《企业危机公关》(张晓慧、石坚)、《西方社会组织的传播:理论与实践》(张天一、周洋)属于"企业新闻与传播"的核心课程模块。《企业新闻传播与营销策划》汲取了国内和国际上最新的企业新闻营销策划案例进行归类、分析和解读。全书内容各自独立又融会贯通,将围绕企业市场定位、企业形象、企业行为、产品推广、品牌延伸、关系营销、企业提升发展、营销伦理道德等内容的策划行为逐一阐述。随着企业在经济社会生活中的地位和作用不断加强,很多企业面临的危机往往在较短时间内演化成一场社会危机,尤其是随着媒介技术的发展,企业面临的舆论环境更加复杂,企业危机日益受到广泛关注。由此,《企业危机公关》一书从新闻传播视角切入,采用理论和案例相结合的方式,首先阐述企业产生危机的诱因,分析企业危机面临的媒介、社会环境的变化以及机遇和挑战;其次根据企业危机的发展周期,详细解读企业危机前的舆情监测、企业危机应对中存在的误区、企业危机应对应遵循的原则以及企业危机的善后和评估。最后对企业在危机公关中的信息发布和沟通、企业危机管理的整体体系的打造进行专门的论述。"他山之石,可以攻玉。"在全球范围内,西方社会较早地认识到传播在组织运作中占据的核心地位。学界积极探究,传播理论始终紧跟市场竞争形势的变化而不断推陈出新,业界重视实践。在决策层面,可以战略性地制订传播计划;在执行层面,可以有条理地分解传播任务,这都对国内社会组织的传播活动有很大的借鉴意义。《西方社会组织的传播:理论与实践》以讨论分析西方社会组织的经典传播案例为主,旨在国内乃至全球传媒行业转型的大背景下,搭建一个经验融合、互通互联的平台,帮助学生们汲取来自海外的宝贵经验。

《新媒体运营与管理概论》(刘娅、丁和根)、《新媒体写作》(雷默、海马)属于新媒体方面的教材,特别是后者具有填补空白的意义。新媒体的快速发展使得越来越多行业乃至个人试图运用新媒体平台去获取资源,以便提升自身知名度和行业竞争力,但想要成功运营却绝非易事。《新媒体运营与管理概论》一书围绕新媒体运营与管理,从新媒体的概念、如何定位、如何进行内容运营与吸粉引流的方式开始阐述,进而对品牌的构建和资本的获取进行全面分析,其中还具体介绍了"三微一端"的运营管理模式,即微信、微博、微视频和手机客户端,并提出了适合新媒体的监管体系问题。《新媒体写作》一书专为三江学院新媒体写作教学编著,全书分为九章。前几章从新媒体写作的选题、标题、结构、符号(语言)表达分析了新媒体写作与传统写作的区别,介绍了新媒体写作的基本逻辑和基础方法。6—8章则分别介绍了新媒体环境下新闻、广告、文学的写作特征和具体方法。最后一章则分析了企业新媒体写作与一般新媒体写作的区别。本书是对近年来新媒体写作实践的归纳和总结,除了有一定的理论基础,更有大量的案例分析。本书既是大学新媒体写作的教材,同时也是广大新媒体从业者,尤其是文案类岗位人员的必读书。

作为"全媒体"新闻的重要组成部分,《视频作品的策划与制作》(张丁心、邵筱棠、彭耀春)、《数字影像制作的技术与艺术》(邵筱棠、张丁心、张永生)两本书有着很强的实践性。一般来说,企业将会需要大量的视频用于企业的运行、宣传、记录等方方面面。同时,这也给相关技术工作人员提供了大量的商机。无论是将视频承包给制作公司还是企业自己的工作人员制作,企业视频的摄制都需要有专业的制作流程和规范的制作技术作为保障。《视频作品的策划与制作》一书详细介绍企业所能接触的各类型视频,从前期策划到拍摄制作全方位解析各种视频的制作流程,目的就是为相关工作人员提供理论、实践的依据,帮助相关工作人员更清晰、更有效率地进行企业视频的策划与制作工作。《数字影像制作的技术与艺术》一书亦有很强的现实针对性。新媒体及其依托的数字技术、网络技术等新技术,为人类社会的运转带来了翻天覆地的变化。它们带来的不仅仅是内容制作的革新,也是传播手段、市场经济和意识形态的更新。在传统的传媒行业纷纷进行网络化、数字化转型的同时,越来越多的其他传统行业也在逐渐利用、依托、融合新媒体,以获得更大的发展空间。该书围绕当前新媒体中最常见的数字影像及其应用,从 Adobe Photoshop、Premiere、After Effects 三款行业常用软件入门,辅以新媒体数字影像应用案例的分析,简要介绍了静态和动态数字影像的策划、制作和运用方式。通过对本教材的了解,相信读者可以对数字影像和新媒体的运用产生一定的了解,从而激发更深层次学习的兴趣。

"企业新闻与传播"系列教材定位除企业之外,实际上亦包括了机关、事业单位。但考虑到机关、事业单位"逢进必考"的因素,且本二批次高校的学生的主要服务对象是企业,故定名为"企业新闻与传播"。考虑到部分学生毕业后有可能进入机关、事业单位从事新闻宣传工作,故将《公务员招录考试入门》(单国友、单璐)一书纳入该系列教材的出版范畴。该书的主要作者不仅是国家公务人员,且长期从事公务员考试的培训工作。全书共分为公务员与公务员制度、公务员招录、《行政职业能力测试》科目概述、《申论》科目概述、面试概述、行政职业能力养成、申论能力养成、面试能力养成八章。从最新的公务员招录要求出发,紧紧围绕建设高素质公务员队伍目标,紧密结合公务员工作新形势、新要求,以提升能力素质为重点,全面系统介绍公务员招录考试的相关知识、报考要求和公务员履行职能应当具备的能力素质。力求引导报考者,改变只重视应试技巧训练而忽视能力提升的习惯,下功夫提升自身的能力素质,为今后胜任工作,也为招录单位招录到德才兼备的人才打下良好基础。

"企业新闻与传播"系列教材的编委会成员及编著者除本院部分教师外,还聘请了省内外高校及业界(传统媒体、新媒体、企业、机关)的专家参与编写和指导。本校的编委会成员有:王勇教授、博士,丁柏铨教授、博士生导师,彭耀春教授、博士,周光毅教授、博士,石坚教授,毕春富副教授,周必勇副教授,魏超博士等。省内高校及业界的专家、学者有:南京大学新闻传播学院丁和根教授、博士生导师,南京大学文学院周安华教授、博士生导师,国防大学吴兵教授、博士生导师,国防大学周洋博士,南京师范大学新闻传播学院靖鸣教授、博士生导师,南京师范大学新闻传播学院刘永昶教授、博士生导师,南京艺术学院沈义贞教授、博士生导师,《新华日报》李捷副总编辑,南京电视台高顺清台长、郭之文主任,《现代快报》赵磊总编辑、梁波副总编辑,《金陵瞭望》杂志社赵文荟总编辑,《金陵晚报》江飞总编辑,新华网总裁助理、长三角中心主任徐寿泉,新华网江苏频道彭亚平总编辑,江苏省政府原新闻处肖学亮处长,扬子石化集团宣传部蔡海军部长,江苏福中集团首席品牌运营官雷默,九如城养老产业集团行政管理中心副总经理韩怀军等。其中,现代快报社系三江学院长期合作单位,2010 年以来共同开办"现代快报强化班"已有 8 届;作为著名的央企,扬子石化集团公司与三江学院共同开办了新闻学专业"扬子石化班"。

该系列教材的主要编著者由三江学院文学与新闻传播学院具有媒体、企业实践经验的青年老师和部分业界专家组成。来自本校及省内外高校的专家、学者组成了强大的指导教师团队,并具体参与到教材的策划、编撰以及修改等各个环节之中。自教材编撰工作启动以来,先后召开相关策划、大纲确定以及相关改稿会议 12 次之多;在交出版社之前,进行了自身的"三审三校"工作,以期提高教材的整体质量和水平。

"企业新闻与传播"系列教材的编写和出版得到了江苏省教育厅品牌专业及重点学科建设项目的资金支持。三江学院校领导,省内外高校及业界专家,南京大学出版社、现代快报社、扬子石化集团等单位领导给予了大力支持和帮助。南京师范大学新闻传播学院刘永昶教授承担了特邀审稿工作。在此一并表示感谢。

编 者

2018 年 10 月 9 日